改变生活和
世界的拓展思维

陈倩 编译

光明日报出版社

图书在版编目（CIP）数据

改变生活和世界的拓展思维 / 陈倩编译 . —— 北京：光明日报出版社，2012.6
（2025.4 重印）

ISBN 978-7-5112-2395-1

Ⅰ.①改…　Ⅱ.①陈…　Ⅲ.①发散思维—通俗读物　Ⅳ.① B804-49

中国国家版本馆 CIP 数据核字 (2012) 第 076560 号

改变生活和世界的拓展思维

GAIBIAN SHENGHUO HE SHIJIE DE TUOZHAN SIWEI

编　　译：陈　倩

责任编辑：李　娟　　　　　　　　　　责任校对：映　熙
封面设计：玥婷设计　　　　　　　　　责任印制：曹　净

出版发行：光明日报出版社

地　　址：北京市西城区永安路 106 号，100050

电　　话：010-63169890（咨询），010-63131930（邮购）

传　　真：010-63131930

网　　址：http://book.gmw.cn

E－mail：gmrbcbs@gmw.cn

法律顾问：北京市兰台律师事务所龚柳方律师

印　　刷：三河市嵩川印刷有限公司

装　　订：三河市嵩川印刷有限公司

本书如有破损、缺页、装订错误，请与本社联系调换，电话：010-63131930

开　　本：170mm×240mm

字　　数：185 千字　　　　　　　　　印　　张：12

版　　次：2012 年 6 月第 1 版　　　　印　　次：2025 年 4 月第 4 次印刷

书　　号：ISBN 978-7-5112-2395-1-02

定　　价：39.80 元

前言
PREFACE

　　思维决定生活、决定人生，改变了思维模式，生命才会发生奇迹般的变化。怎样提问题，从什么样的角度回答问题，往往比问题的答案更加重要，这是拓展思维的源头。

　　通过提问能让我们看到我们之前并不知道的事情，提出问题是我们到达未知世界的唯一道路。问题不必出自哲学书，也不必是有关生活的大事件。它也许会是"若我决定重回大学，新修一门学科会怎样"，或是"我是否应该听听一直建议我换个环境的那些人的意见"，再或者是"发现中微子内部物质是否可能"。这些问题会使你的生活方向发生改变。

　　提出大问题可以开启新的生存方式，是改变的催化剂，提出大问题是开始一次探险、一次发现之旅的邀请函。开始一次新的探险是令人兴奋的，因为我们能够从中获得探索未知的愉悦。正如美国著名科学家弗雷德·艾伦·沃尔夫所说："问问自己一些深奥的问题可以让你对我们所生活的世界进行一些新的思考。它会带给你一缕新鲜空气，会使生活更加快乐。生活的真正意义不在于无所不晓，而在于总是怀有对神秘事物的好奇。"

　　本书是一部关于拓展思维，关于精神以及生活意义的巨著，书中介绍

1

了一些观察世界的新观点和新方法，探索了人们的态度是如何影响经历与现实的，其中很多说法是我们在其他科学家或学者那儿不曾听到过的。同时，这本书还尝试回答一些关于"存在"的大问题，比如：什么是情感？什么是灵魂？以及我们为什么在这儿？这是一部有深度的探讨精神的作品，它向我们展示的不是一条道路，而是无穷的可能，它不仅引领我们走入物质世界，更进一步深入到奇妙、鲜活的精神领域。

读这本书的时候，别忘了问自己一些问题。随着你阅读的进行，这些问题的答案也一定会展开。

目录
CONTENTS

大问题

科学与宗教信仰：大分离

范式转换

什么是现实

视觉和感知

量子物理学

观测主体

我的现实我创造

量子大脑

大　脑

情　感

纠　缠

最终的叠加

大 问 题

　　问问自己一些深奥的问题可以让你对我们所生活的世界进行一些新的思考。它会带给你一缕新鲜空气，会使生活更加快乐。生活的真正意义不在于无所不晓，而在于总是怀有对神秘事物的好奇。

——弗雷德·艾伦·沃尔夫

什么是大问题？
我们缘何为此烦恼？
是什么使它们具有重大的意义？

我们从哪儿来？我们应当作什么？我们去向何方？
——米希尔·莱德维特

让我们想象：一架宇宙飞船降落在你身边（形状似乎可以忽略），飞船里面放着的，是一本《百科全书》。你可以提一个问题，你会问什么呢？

这看上去有些愚蠢，但这样的提问是有价值的。花一点时间想想看，你会问什么呢？可以是任何一句话。在日记本上写下来吧。

这本《百科全书》好像有点儿没有物尽其用，它还给了你一个问题奖励，想想让你非常好奇的事情：肯尼迪究竟是被谁谋杀？你把车钥匙落在哪儿了？这样的问题会让人疑惑。把那些挑战你的想象力的事情也写下来。

至此，这本书才有些物有所值了。它应当是向每个人提问并给出正确答案的"百科全书"。所以，给你提出的问题是（你将在本书中找到答案）：

你真正了解什么？

大问题——意识的开罐器

除非从弗雷德·艾伦·沃尔夫那样的少有人物（我们在开篇提到过他）那儿得到启发，我们什么时候才能有勇气提问呢？

被社会所珍视的重大发现和揭示大多数都产生于提问。我们在学校学的那些东西以及得到的答案，都来自提问。问题是人类知识的先驱，是根源。印度先知拉玛那·玛哈希教导他的学生说，通往解脱的方法可以概括为："我是谁。"物理学家尼尔斯·玻尔问道："电子怎样从 A 移动到 B 却从不停留在 A 与 B 中间？"

这些问题让我们看到了我们之前并不知道的事情，它们也的确是我们到达未知这枚硬币的另一面的唯一道路。

为什么要问大问题？提出大问题是开始一次探险、一次发现之旅的邀请函。开始一次新的探险是令人兴奋的，因为我们能够从中获得探索未知的欢乐。

那么，我们为什么提出这些疑问呢？那是因为提问开启了通向混沌、未知和不可预见的事物之门。提问的那一刻，你的确并不知道答案是什么，从而也为自己打开了一个包含所有可能性的领域。你愿意接受你不喜欢或不同意的答案吗？或接受让你觉得不舒服、让你迈出为自己铸造的安全地带的答案？或接受并非你所想要听到的答案？！

这并不费力气。提问只是需要勇气。

现在让我们考虑一下，是什么使问题成为"重大的"问题的。大问题不必出自哲学书，也不必是有关生活的大事件。对你来说，大问题也许会是"若我决定重回大学，新修一门学科会怎样"，或是"我是否应该听听一直建议我去加利福尼亚或中国的那些人的意见"，再或者是"发现中微子内部物质是否可能"。问问诸如此类的问题，以及成千上万其他的问题，会使你的生活方向发生改变。

所以，再问自己一次，我们为什么不提出这些疑问呢？大部分人宁愿待在已知的安全地带，而不愿去自找麻烦。甚至当他们恰巧遇到问题的时候，他们更有可能逃离，把头埋在沙子里自欺欺人，或是很快去忙别的事情。

中微子是组成自然界的最基本的粒子之一，常用符号 ν 表示。中微子不带电，自旋为 1/2，质量非常轻（小于电子的百万分之一），以接近光速运动。

中微子是 1930 年德国物理学家泡利提出来的，20 世纪 50 年代才被实验观测到。

5 岁大的我和现在的我的区别在于，5 岁的时候，我对宇宙怎样存在之类的事情漠不关心，并且认为犯错也从来不是什么严重的事情。如今，我不断提醒自己，科学中从没有失败的实验，了解我正做的实验为什么失败，正是一次成功。

——威廉·阿恩茨

对大多数人来说，出现大问题会是严重的危机：比如危及生命的疾病、亲密朋友的去世、生意或婚姻的失败、看起来无法摆脱的重复甚至成瘾的行为，或是让人无法忍受的孤寂。在这些时候，大问题就像炽热的熔岩一样从身体深处一触即发。这些问题不是对智力的训练，而是灵魂的哭嚎。"为什么是我？为什么不是他？我做错什么了？从此以后，生活还有什么意义？"

我们能否积蓄同样的能量，向自己提出一个大问题？比如问问自己，我们现在的生活是什么样的？什么时候才能没有让人措手不及的危机发生？谁知道将来会发生什么？

正如沃尔夫博士所说，提出大问题可以开启新的生存方式，是改变的催化剂。成长吧，快快地成长吧，行动起来。

提问的快乐

是否还记得 5 岁大的时候你总是不停地问"为什么"？父母可能会想，你这样问要把他们逼疯了，但你的确是想知道究竟是为什么！5 岁大的孩子为何会这样呢？

是否还记得 5 岁大的你？能否想象得出那时的你是什么样子？这很重要，因为 5 岁的时候，你喜欢让自己沉浸在神秘的事物当中。你很喜欢把事情弄明白，你喜欢这样的"探索之旅"。你生活的每一天都充满了新发现和新问题。

那么，那个时候和现在有什么不同呢？

好问题！

生活的乐趣和快乐尽在这样的旅行当中。在我们

看着女儿玩她手里的玩具或是小玩意儿，我都能从她脸上看出她正试着把玩具弄明白。她不泄气，一直都在尝试，直到得到她想要的东西为止。一旦目标达成，她便将注意力转移到下一个挑战，即下一个问题。

今天早晨我看到女儿试着打开碗柜上的门闩。那费了她好一会儿时间，但她一直试到打开为止。她打开了碗柜的门闩之后，下一个让她兴奋的事便出现了——让我们把碗柜门打开吧！门开了之后，她的脸上洋溢着兴奋。快看里面是什么！那是什么？架子上的东西是什么？这才是真正的发现之旅，每一步都充满快乐。

我问了自己这样的问题，同时也要问问大家：你的门闩是什么呢？今天你想了解什么呢？

——贝齐·可斯

的文化中，关注我们暂不知道的事被当作是不可接受的和不好的，是种失败。为了通过考试，我们必须知道答案。但当涉及有关具体事物的实际知识的时候，科学所不知道的要远远超过科学所知道的。许多伟大的科学家都曾探究宇宙的奥秘，探究我们这个星球上生命的奥秘，而且他们坦白地说道："我们知之甚少。我们对大部分事物有着很多疑惑。"对我们采访过的杰出思想家来说也是如此。用作家泰伦斯·麦肯那的话来说："随着知识的火炬越来越明亮，更多的黑暗未知地带会令人惊愕地出现在我们面前。"

给"生活的意义和目的是什么"这个问题一个清楚的答案变得更难了。像这样的大问题的答案只会在生命旅程中显现，而且，我们只能通过未知或者说尚不了解到已知的方式来得到答案。如果我们总觉得自己知道答案，那我们怎么还能学到更多的东西呢？还能得到些什么呢？

一位大学教授曾去拜访禅宗大师南院法师，想了解禅宗。这位教授没有谦虚聆听大师的观点，而是一直在不停地讲述着他自己的想法。

听了一会儿之后，南院法师为教授沏茶。来访者的茶杯已经满了可他却还在倒。茶水溢出了茶杯，装满了茶托，溢到教授的裤子上，流到了地上。

教授忍不住说道："杯子已经满了，再也装不进去了。"

南院法师平静地答道："你就像这个杯子一样，头脑里装满了自己的见解和想法。如果你不倒空自己，我怎么向你揭示禅的真谛呢？"

倒空杯子的意思是为大问题腾出空间。这意味

我曾发现，当突然对一些事的答案很茫然的时候，我的心中会有一种特别的兴奋感。这就像是到了思维的悬崖边一样。

我之所以兴奋，是因为我已到达了自己已知事物的边缘，并意识到我头脑中很快将有新的认识，一种惊人的未曾有过的认识。

这是一个巨大的搜索引擎。最近我得知，搜索引擎能够刺激大脑的快乐中枢……显然，我已对这种感觉上瘾了。

——马克·文森特

每个时代的人自身都有对世界的假设，例如对地球是扁是圆的假设。我们认为理所当然的事物背后隐藏着很多的假定，或许真的如此，或许并非如此。在绝大多数情况下，这些有关现实的概念虽然等同于普遍模式或普遍观念，却不见得准确。因此，任何我们曾经认定的事物，今天看来并不一定是正确的。

——哲学博士约翰·贺格林

着虚心，意味着要完善自己，从而暂时地接纳我们未知的事物，那样知晓更多的那一时刻就将来临。

不知道答案也未尝不可

不久前，16 岁的侄女发给我一封电邮，她说："生活有强大的吸力。我每天都看到爸爸筋疲力尽地下班回家。我不想陷入这种激烈的竞争中，可我看不到任何能避免陷入这种竞争的希望。这就是生活的含义吗？有什么意思？我也许会把枪口对准自己，一死了之。"

"克里斯汀娜，"我对她说，"你可能对我的答复并不满意，但是我想说的是，我为你而骄傲。我要告诉你的是，你正在解决你的困境，正在寻找答案。我知道你想要弄明白答案是什么，但有时生活不会立刻告诉你真正的答案。但你是在问正确的问题，这是关键。"

——威廉·阿恩茨

与名人为伴

上千年来，人们一直在问大问题。男男女女总是凝望星空，或是注视着周围的人怎样生活怎样思考，并问："除此之外，生活还有什么含义？"

古希腊哲学家思考并讨论大问题。一些人如苏格拉底和柏拉图问道："什么是美？什么是善良？什么是正义？统治社会的最好方法是什么？什么人适合做统治者？"

有科学头脑的人总是在提问。这个东西是怎样运作的？里面有什么？物质真如看上去的那样吗？宇宙从哪儿来？地球是太阳系的中心吗？日常生活背后有固定法则和模式吗？身体与思维之间有怎样的联系？

对伟大的科学家来说，这些问题会引起他们进行钻研的激情。他们不仅仅是好奇——他们需要知道！

阿尔伯特·爱因斯坦还是小孩子的时候，他自问道："如果我以光的速度骑自行车并打开自行车灯会怎样——灯会亮吗？"他近乎疯狂地问了自己这个问题10年，他对答案的坚定追求最终产生了相对论。这是一个极好的例子，来说明提出问题并多年坚持探索，直到得到一个令人满意的答案。

范式的破裂

科学最伟大之处之一在于它的假设，即今天我们认为是真理的东西，明天也许会被证明是错的。艾萨克·牛顿爵士说过："如果我能比别人看得更远的话，那是因为我站在巨人的肩膀上。"前人的理论是向更高处攀登和深入研究的平台。

科学的进步，只有通过提出问题，通过挑战特定时期人们认定的假设和真理来实现。倘若这些假设和真理真实地反映我们的个人生活，我们个体的成长和进步将会如何呢？

猜猜看会怎样？当你跳出为自己所做的假设的时候，你将取得出乎意料的成绩。

人永远无法给生活下结论。生活如我们人类一样，是永恒的。我们必须开始探索更多关于我们是什么的解释。那么，我们到底是什么，这个答案应当我们自己去发现。
——拉姆撒

范式的概念和理论由美国著名科学哲学家托马斯·库恩提出，他在《科学革命的结构》(1962)中曾经作过系统阐述。范式指常规科学所赖以运作的理论基础和实践规范，是从事某一科学的研究者群体所共同遵从的世界观和行为方式。

每天早晨我会站在镜子前试着问自己一个大问题。"什么事情我不知道，但我想知道呢？"今天早晨的问题是："我想知道我是否真的有能力去感受无条件的爱。"

付出无条件的爱是列在我的议事日程上的。那是我想做到的，至少对我的丈夫和女儿。但若我对自己诚实，我不敢肯定我是否真的感受到过。
——贝齐·可斯

思考一下

　　大多数人可以很容易回答一部分问题。但是，关键并不在于仅仅观察表相，而在于观察不明显的东西，即潜在意识，也就是那些我们不经常观察的方面。考虑这些问题的时候，别忘了全方位观察你本人。想想你过去碰巧遇到的那些问题，例如像恐惧，对狗的恐惧会以其他方式在你的意识中蔓延吗？花些时间吧，可没有人为你盯着秒表。

　　读这本书的时候，别忘了问自己一些问题。随着你阅读的进行，这些问题也一定会展开。这就是乐趣所在！阅读的时候写下日志，心情愉悦才能成就大事业！

科学与宗教信仰:
大分离

在严格的逻辑中,矛盾即是错误的标志。但在知识的演化过程中,矛盾则标志着迈向胜利的第一步。

思想和科学是人类向真理迈进的两大重要方式。两者都在探索关于人类和宇宙的真理，也探求大问题的答案。这是一枚硬币的两面，即两种方式。

同　源

无论是对科学的追求还是对思想的追求中，光明就在不远的前方，我们的目标会在自然的反应中得到表现。
——天体物理学家斯坦利·爱丁顿爵士，《物质世界的性质》

我们知道的最古老的苏美尔文明（前 3800 年）把对人类世界和对精神世界的理解等同。苏美尔文明中有占星神、园艺神和灌溉神。（圣殿的）祭司是调查研究这些领域知识的书记员和技术人员。

苏美尔人知道 2.6 万年的周期，知道岁差，知道结出果实和蔬菜的植物突变，还知道滋润"新月沃地"（底格里斯－幼发拉底河平原）的一套灌溉系统。

时间向后推 3000 年便是古希腊。哲学家们那时在问"我们为什么在这儿"、"怎样对待生命"的大问题。他们还发现了原子理论，对天体运动进行研究，并制定了伦理道德的普遍性原则。占星学是上千年以来唯一一门研究天空（天体）的学科。现代天文学就是由占星学衍生而来。天文学进而演变出数学和物理学。探索演变和不朽的炼金术产生了化学，后来分支为专门的粒子物理学和分子生物学。现如今对不朽的研究由 DNA 生物化学家来进行。

鲜活的世界

在科学革命之前，中国人认为世界是变幻莫测的能量之间的强有力的互相作用。万物不是一成不变和静止的，都在流动、变化或是产生。

西方人则认为世界普遍表露了神圣造物主的意愿和智慧，认为其组成部分由"伟大的存在之链"联系在一起，上帝通过天使把各部分传递给在生物界有其适当位置的人、动物、植物和无机物。每个部分都是与其他部分相联系的，没有哪个部分独立存在。

各洲的原住民与周围的动物、植物、阳光、雨露和有生命的地球和谐相处。他们常通过在山峰、水流、树林中寻找"神灵"来表达他们的感受，并在此基础上形成他们的宗教和科学。

在这些文明中，科学的目标是汲取知识，从而能与自然世界的巨大力量和所有文明感知到的物质世界背后的超然力量和谐相处。人们想要了解自然是怎样运行的，目的并非要控制和主宰大自然，而是要适应大自然的盛衰而生存。物理学家、哲学家弗里乔夫·卡普拉在其《转折点》中写道："自古以来，科学的目标一直是智慧，是理解自然规律，是与自然规律和谐共存。人们是为了上帝的荣誉而寻求科学，或如中国人所说，遵循自然规律。"

从16世纪中叶开始，这一切开始发生巨变。

古老世界的最伟大文化中，人类和神之间有着千丝万缕的联系。地球和宇宙被称作"你"而不是"它"。人们发现他们身处一个巨大的宇宙中，并是其中的一部分。自然和宇宙被赋予神性。像那些在巨石阵举行的仪式那样，它们把地球和天堂连在一起，并加强了人们在神圣现实中的参与感。

——安·巴林

向教会权威挑战

在中世纪的欧洲，教会拥有至高无上的权力。教会成为国王的拥立者和真理的提供者，冠教会以无所不晓之名。法规是教会的教条，教会拥有绝对的权力。教会不仅规定精神世界以天堂、地狱、炼狱的方式存在，而且训导物质世界以何种方式运行。

1543 年，尼古拉·哥白尼大胆向教会和《圣经》挑战。他出版了一本著作（《天体运行论》），称宇宙的中心并非地球而是太阳。面对这一可能错误的观点，教会禁止教徒阅读这本书的做法再合乎逻辑不过。哥白尼的著作被教会列为禁书，一直到 1835 年。

幸运的是，哥白尼在教会对他采取措施之前死于自然疾病。两位拥护其著作的科学家却未能轻松逃过此难。乔尔丹诺·布鲁诺证实了哥白尼的想法，并推测太阳和其行星可能只是无尽宇宙当中众多星系之一。因他对神灵的严重亵渎，布鲁诺被宗教裁判所（如今仍然是教会机构的组成部分）以传播异端邪说罪判处火刑。

伽利略·伽利雷同样拥护哥白尼的看法，他也被带上宗教法庭，但由于他和教皇的朋友关系，伽利略只是被判监禁（70 岁时），直至去世。在高层有朋友是件好事。

伽利略被称为"近代科学之父"。他的成就在于运用两种方法进行科学研究，而且这两种方法从此之后成了科学研究的两种基本途径，即：实证观察和运用数学。

由于 17 世纪初伽利略的发现，知识不再只归神职人员所有。知识的正确性不再由古老权威或教会阶层来确定。相反，知识是通过公开调查和观察获得，由商定的原则使之生效。这种过程成为后来大家熟知的科学方法。

科学家们并没有与教会斗争，因为他们知道那是毫无希望且非常危险的。他们没有对上帝、灵魂甚至人类本性和社会从数学法则的角度加以公式

我还是小孩的时候，对上帝有过很多思考。人们告诉我上帝在我之外，是永远无法领会的奥秘。自大又很想追根究底的我断定他们是错的。我想，总是会有办法的。十几岁的时候，科学让我很是兴奋。我感觉到与儿时在教堂那些枯燥的经历相比，我的学习正在向生命的奇迹靠近。当我接触到量子力学的时候，我简直就是在天堂了！科学和精神并非完全不同。它们只是尝试理解同一事物的不同规则。

——马克·文森特

化，而是仅限于探究事物的神秘。

为此，教会在其权力范围之内使尽浑身解数镇压这些科学家，以防止威胁其权威的观念广泛传播。但是教会所害怕的事正在发生。科学家们在他们发现的探险中不屈不挠，从认识的前沿发回信息，并不断利用知识创造越来越强大的技术，科学事业的魅力也就吸引着人们投入其中。

笛卡儿将思维与身体、人性与自然分开

17世纪法国哲学家、数学家勒内·笛卡儿拉大了科学和精神的距离。笛卡儿说："身体中没有哪部分从属于思维，思维中也没有哪部分从属于身体。"

斧子落下，事实的硬币从中一分为二。若灵魂和科学正在分离，笛卡儿则扮演了使分歧不那么尖锐的仲裁者的角色。

尽管笛卡儿相信思维和物质都是由上帝创造的，但他认为思维和物质是完全不同和独立的。人类思维是智慧和理性的中心，生来要进行分析和理解。科学的恰当领域是物质世界即大自然。笛卡儿视自然界为根据法则运行的机器，而这些法则可以通过数学加以公式化。对于笛卡儿这个钟表和机械玩具的钟爱者来说，自然万物包括无生命的类似行星和山峰这样的东西都有其机械性质，人体所有运动也可以用机械模式来解析。笛卡儿写道："我把人体看作是机器。"正如我们看到的那样，被笛卡儿定为科学基本原则的思维与身体的分离已经引发了很多的问题。

有关科学和灵魂的反复争论一直在影响着人们，因为陷入这一辩论的科学家对真正的灵魂学说知之甚少。他们仅仅是从各地的布道坛上零碎的收获中总结出特点，并把这当作一种科学精神，然而事实上这仅仅是对灵魂科学的一种描述。而且不幸的是，牧师也并不了解他们的科学。所以双方事实上是在互相攻击。
——米希尔·莱德维特

弗朗西斯·培根和对自然的主宰

英国科学家弗朗西斯·培根也对建立科学方法起了重要作用。他的理论可以这样表示：

假设——研究——实验——归纳大致结论——通过深入研究对结论进行验证

诚然，这一方法已使人类有了重大进步，这表现在人类从进一步的了解自然取得进步过程中感受到了乐趣。如在健康、机械技术、农业等方面，及太空探索迈出的第一步。然而，这仅仅是历史的一部分。

如弗里乔夫·卡普拉所指出，培根认为科学事业"经常是完全错误的"。自然应当是"出于人们的惊奇而得到探索"，"为人类服务"并成"奴隶"。科学家的任务是"拷问自然的秘密"。不幸的是，培根追寻知识精髓想要控制和主宰她的态度（用"她"来指代自然）已成为西方科学的指导原则。培根用我们在学校里学过的一句话进行了总结："知识就是力量。"

牛顿的经典模式

我们最常把科学世界观的形成与艾萨克·牛顿爵士联系在一起，他的机械化的世界的观点通常被称为"牛顿物理学"或"牛顿模型"。因为牛顿较前人取得了巨大进步，不仅综合而且大大发展了他们的观点和方法，所以这些称呼是正当合理的。牛顿得出的结论和他提供的数学验证很充分，因此在将近 300 年的时间里，全世界的科学家们都确信牛顿准确地描述了自然是怎样运行的。

我生活的大部分时间都是在自欺欺人中度过。我无法向有人高高在上主宰我的命运的观念妥协，我也永远无法彻底接纳人从猿进化而来的观念。我总觉得一定有别的什么东西。但这个问题对小小的我来说实在太大。所以很长时间以来我把这一问题留给那些"更聪明的人"。

——贝齐·可斯

牛顿和笛卡儿一样把世界看作是在三维空间里运动的机器，运动不停地发生（比如星星的运动和苹果落地）。物质内部由微小粒子构成，这些粒子如同行星那样的庞大物体一样根据自然规律运动，好比引力。这些规律可以通过数学进行精确描述，而且如果我们知道任何物质的最初状态，比如行星位置、行星运行速度和轨道方式，我们就可以预测其未来。牛顿改革性地将苹果落地和行星运动两个不相干的事物联系在一起。把两者联系在一起的，便是引力。

这种机械方法很快被运用到天文学、化学、生物学等学科。尽管有少许差异（比如对原子层面的现实的理解更为复杂），我们还是生活在我们信赖的世界里。

牛顿和宗教信仰

尽管牛顿和他的同伴有着改革性的成就，当涉及宗教信仰的时候，他们并没有对那个时代的普遍宗教观提出质疑。相反，他们深陷其中。尽管他们有责任提出激进的新范式，来挑战和推翻持续了几个世纪的观念，但他们只是在他们出生的中世纪中经营着个人生活。

他们同其他人一样信奉上帝是世界的建筑师和建立者。牛顿在其主要科学著作《数学原理》中写道：

"最美丽的太阳、行星和彗星系统只可能来源于一种智慧且力量强大的存在的商榷和统治……这一存在统治万物却并非世界的灵魂，而是世界的主人。它是永恒，它是无限，它是无所不能的，它

17世纪有一段时间我们把宇宙看作真实生动的存在，把世界看作一个机器。通过运用科学和数学描述无生命物质的无生命世界，笛卡儿和牛顿巩固了这一概念。他们进行了一些非常巧妙的计算，促进了我们对无生命系统的理解。笛卡儿把世界看作一个机器。他对钟表非常感兴趣。可问题是，笛卡儿和其他早期科学家将钟表或终结者玩具的模式套用在了生命系统上。如果足够了解系统的不同组成部分，我们就能理解整个系统是怎样运作的。这对钟表来说也许是正确的，可问题是，我们根本不是机器、钟表或是玩具。

——医学博士丹尼尔·蒙蒂

是无所不知的……它统治万物，明白万物是什么或能成为什么……

为何人类世界中没有一个人有资格给予其他人光明和温暖？我只知道造物主已经将一切考虑周全了。"

痛苦的分离

后代那些完完全全关注于世界机器的科学家们发现他们不需要上帝或神灵。他们从宗教教条的束缚中解脱出来，以报复性的行为宣称所有看不见和无法测量的东西都是幻想和错觉。他们中有很多人变得如教会权威一样教条，自以为是地肯定说，严格来讲我们是由不变规律支配的可预知的宇宙机器周围运动的小机器。

达尔文的拥护者在物质的胜利中画上了最后一笔。他们认为世上不但没有上帝，而且没有引导人们在星系中生存的创造性智慧。虽然存在于世界中心，我们只是在毫无意义的宇宙中任意变化，冷酷无情地追求拥有更多的 DNA 携带者。

有没有调解的希望

思维和身体的分离被笛卡儿制定为科学的基本原则，并在上百年来被科学发现所遵守，已引发了无尽的问题。这一观点为人类出于眼前利益而开发自然资源提供了完美的借口，压根不顾所有生命和地球的将来。

地球在忍受。被污染的家园遭受着资源的掠夺和纯洁的丧失，开始向灭绝的边缘靠近。

哲学在宇宙这本大部头中书写，并一直公开接受我们的审视。但除非先学懂这本书的语言和字符，你是没法理解这本书的。这本书用数学语言写成，它的字符是三角、圆形和其他几何图形。不了解这些，你只能在黑暗的迷宫里徘徊。

——伽利略·伽利雷

我们用科学进一步探索这濒临死亡的宇宙，却在一个奥秘前磕磕绊绊，无法前进。20 世纪初，阿尔伯特·爱因斯坦、尼尔斯·玻尔、沃纳·海森堡、欧文·薛定谔和其他量子论（量子论是现代物理学的两大基石之一。量子论给我们提供了新的关于自然界的表述方法和思考方法。量子论揭示了微观物质世界的基本规律，为原子物理学、固体物理学、核物理学和粒子物理学奠定了理论基础。它能很好地解释原子结构、原子光谱的规律性、化学元素的性质、光的吸收与辐射等）的奠基人打破了对唯物主义的压制。他们告诉世界，若深入探索物质，物质会消失，并解散为深不可测的能量。如果我们照伽利略那样从数学角度来解释，会发现那根本不是一个物质世界！物质世界本质上是非物质的，而且可以从比能量本身更稳定的领域衍生而来，一个看起来不像物质而像信息、智慧或意识的领域。

硬币的正反面

此刻，硬币仍然有着两面，一面是宗教信仰，另一面是科学。这是为什么呢？这并非出于现实被一分为二的原因，而是由于有着人民作为这两种世界观的拥护者。还记不记得为什么人们不问大问题？那是因为人们得到的答案也许并不是他们所期待的。

如果思维和物质并未分离会怎样？如果两者之间有明显的反应循环又会怎样？这正是 21 世纪主流科学不愿面对的问题。

加利福尼亚智力研究所顶尖科学家迪安·雷丁博士一直致力于严格依靠科学方法对心理现象进

若科学和灵魂都是在调查研究无限现实的性质，显然越无限则越接近现实，那么它们最终应当交换位置。我们知道的最古老的经文《吠陀经》，说物质世界是无明幻觉，是摩耶。量子物理学称我们所看到的并非就是现实，现实最多是大部分空空如也，却真的更像是非物质流。藏传佛教认为万物相互依存。物理学认为粒子之间互相联系，而且自大爆炸以来就是关联的（粒子首先是在大爆炸中纠结在一起的）。禅宗里著名的一则公案更富有诗意"单手拍掌是什么声音？"这一道理在物理问题里也有体现："一个粒子怎样能同时处于两个位置？"

双方的专家深入钻研各自的学科，然而人类进步的历史表明，在包含更广的研究领域并将这些领域综合的过程中，人类实现进化。

敌对双方相拥而吻会出现什么情形呢？

——威廉·阿恩茨

教条：教会有关信仰或道德的权威性见解、原则或主张。

希格斯粒子：希格斯粒子是从理论上预测的一种能使其他粒子产生质量的粒子。因为希格斯粒子本身质量极大，所以几十年来科学家一直在制造更强的粒子加速器来寻找它。他们找不到希格斯粒子，因为其太大的质量，也因为它能使其他粒子具有质量。那么希格斯粒子的质量从何而来呢？对非专业人士来说这看上去是不是有些奇特呢？也许科学家们应当寻找一种本身状态（质量、电荷、旋转）已经规范化了的"信息粒子"。

行调查研究。尽管如此，他在主流科学领域仍然遇到阻碍。

正如雷丁博士所说：

"他们（主流科学家）有着由个人经验发展而来的信仰，但在公共场合他们不会谈及个人信仰，因为在公共场合至少在学术界不应谈及个人信仰。这是学术界不多的这种领域之一。在这些领域，忌讳不但很深，而且持续了至少一个世纪。我在学术界认识很多心理学、认知神经科学、基础神经科学、物理学等各个领域的杰出人士，他们都对心理现象非常感兴趣。当中有些人的实验已取得了一些结果。那么为什么我们没有听到过？那是因为学术界的文化规定了你不可以谈论并非你的研究领域的事物。所以，我们生活在《皇帝的新装》的寓言中。我的意思是说忌讳很深的情况下，你甚至都不应该谈论这个忌讳本身。这就好比一个高度机密的政府计划，而这个计划真的存在与否也是个秘密。是的，忌讳就是秘密，人们都不应当谈论它。一旦忌讳被提出，就已迈出了解决它的第一步，你从此也就能生出在主流科学领域内研究这些事物的无穷兴趣。"

你想知道什么问题的答案

嗯？

祈祷能不能促进疗伤？你的思维能否影响物质世界？你能否感知太空／时空外的事物？人能否在水上行走？希格斯粒子真的存在吗？

什么？！

理论粒子物理学预测希格斯粒子是存在的，并能对其他粒子产生重大影响。科学家投入亿万美元制造更强的加速器来寻找希格斯粒子。地球上大多数居民应当更愿意知道前 4 个问题的答案。

当然，回答前面 4 个问题会对我们怎样认识自我和世界产生重大的影响。寻找另一个粒子影响更大。但传统科学不想去关注理应在其研究范围之外的事物。这很有趣，因为突破要从这儿产生。

那么，是谁阻挠了对真理的追求？

这正是一枚硬币的两面。

先是教会，现在出现了科学家。

思考一下

· 你是否曾经控制过自己对真理的追寻？

· 神灵对你来说意味着什么？

· 如果有区别的话，教条和自然规律之间的区别是什么呢？

· 你生活中的教条是什么？

· 你生活中的教条怎样控制（影响）你对自己和现实的理解？

· 你在生活中会使用科学方法吗？

· 科学和宗教信仰的分离是怎样影响你的生活的？

· 科学与宗教信仰的区别是什么？

· 二元性是怎样影响你对自己和现实的理解的？

· 你是远离自然和其他人独立生活，还是与自然和其他人真实
  地联系在一起？

· 你会经常觉得自己像蜥蜴吗？你会长尾巴吗？

范式转换

我正在寻找那些有着无限能力、知道自己能成就什么的人。

——亨利·福特

范式像是一套理论，却与理论有少许不同。

做圣诞点心的时候你有没有用过饼干成型切割刀？无论用什么材料，从烤箱里出来的点心都是一样的。

——威廉·阿恩茨

理论解释事物怎样运作，如达尔文的进化论。通过实验和思考，理论得以被检验、证明或反驳。从另一个角度来看，范式是一套无法被检验的固有的假设。事实上，范式本来是无意识的。范式只是我们作为个人、科学家或社会的部分做法的表现。

因为没有人去考虑它，所以范式从未被人们质疑。这就好像总是戴着谚语中的玫瑰色的眼镜看东西一样（乐观地看事物）。这是事实，我们总是透过这种眼镜观察事物。我们所有的领悟都来自观察到的观念体系，而且我们认定的那些事都在那一体系之内。我们从来不对这些范式提出疑问，甚至从未产生疑问，直到碰壁，眼镜撞碎，我们才会突然看到，原来世界并非我们看到的那样。

过去的科学范式不再适用

事实上，经典牛顿模式无法解释每天出现的新科学信息。相对论、量子力学、思维和情绪对身体的影响、所谓的超感官知觉（ESP）之类的"异常"、心理疗法、遥视、（人作为）灵媒、濒死和灵魂出窍的经历等领域都需要一套不同的模式，即新的范式的产生。这一新范式能在更加全面地解释世界是怎样运行的理论中涵盖上面所有这些现象。

并不仅仅因为旧模式不足以解释新研究提出的问题，更严重的是旧模式不足以将人类从苦难、贫穷、不公和战争中解放出来。事实上有一个很好的例证，很多问题之所以会出现，正是由于长期主宰我们经历的机械模式都已经恶化。

牛顿的范式

现实的物质模式从很久以前的理论行列已经发展为所有思考和研究的潜在（内在）基础。在400年的时间里它支配着科学探索以及科学世界对可能和不可能的开放。它告诉我们宇宙是由固态、物质和基本"构建模块"组成的机械系统。这一模式提出，真实的就是可测量的，可测量的仅仅是我们五官感知得到的东西和由此产生的力的延伸。它还提出假设，称摒弃所有感情和主观主义，变得完全理性和客观，才是唯一正确获取知识的途径。

这种将人与世界关联的方法把人类生活这一整体分为了思维和身体。它认为感觉、激情、直觉和想象都是没有价值的，它使自然客观化并将我们与之分离。这种观点认为自然并非需要照顾和维系的有机生存体系，而成为控制和利用的资源。

根据当前的科学范式的观点，我们生活在一个已经死亡的机械的宇宙里。这是一个机器的世界，由一种有生命的智力体创造并使之处于运动中（正如牛顿和早期科学家所坚信的）。然而现在，这个世界是完全机械化和可预见的。如果初始状态已知，那么结果已完全决定好了，效果同样也不可避免。

如果行星的运动如岩石和苹果的落地一样可以预见，物质世界物体的行为和关系可以预量（之后我们会看到量子物理学挑战这些术语），那么说人类正在降低身份，变得愚笨也未尝不可。这样的生

最初开始理解是什么范式在支配我的生活的时候，我看到了我是怎样创造自己的生活环境的。写这本书已经打破了我的一个潜意识范式，这让我思考："我并不那么聪明！"我从不认为自己可以理解所有这些概念。当然，我的悟性和灵巧可以让我在世界中穿梭自如取得成功。但我并非"学院派"人物。在开始工作的第一周里，威廉和马克给了我20本书说："开始读吧。"很长一段时间里，我一直告诉自己：我不行，我无法胜任。但这是我的工作，我不得不做。而且在我放弃对自己能力不足的看法时，便一头扎了进来。甚至现在，有时不自信的思想还会作祟，但我会对自己重复说："我是天才！"

——贝齐·可斯

活走向何处？如果没有自由，如果造物过程已全部确定，那么生活的意义又是什么？在这一模式里，就没有意识、精神、自由和选择的余地了。

一种新的范式

用杰弗里·沙提诺瓦博士的话来说："很多人希望量子力学成为他们从冷酷无情的漠然世界中解脱的解救者。人们之所以感觉需要解救，是因为冷酷无情的机械观念是非常强势的。即使你声称对此并不信奉，它已经严重影响了人们的生活和世界观。"

想象自己是一个生活在完全无生命世界里的机器人。在这个世界里，所有物质都无意识，反应迟钝，彻底由抽象的行为法则掌控。你的感觉是什么样的呢？当你只是个机器，爱只是偶然发生的脑化学反应，只有 DNA 的进化这一优势时，你对所爱的人会有什么感受？

当然，我们不容易把自己想象成完全的机器人。那是因为我们不是，任何人都不是。我们有（或者我们就是）意识和精神，由我们来做出选择。

当权派的反对

与哥白尼、牛顿时代及 16、17 世纪科学模式的先锋时代一样，社会中的保守成分不仅拒绝这一新知识，而且加以强烈反对。正统观念根深蒂固，不愿意考虑任何改变。教会权威被一些人（并非全部）取代，他们滥用大学权力、政府授权和封闭狭隘的媒体来威胁"异端（异教）"科学家的生活（火刑、拒绝其升迁、财产剥夺、大量钱财的扣留、耻

范式转换同样会发生在个人身上。它可以如我们突然醒来明白了某件事情一样简单。这些事情一直都是如此，只不过我们从未意识到罢了。举个例子，最近我发现了自己对知识的贪婪渴求的原因之一。这不仅是出于好奇，而是出于强烈的恐惧。我记得小的时候对很多事都很害怕。也许为了抵抗自己的不安全感和不稳定感，我决定学习尽可能多的东西，因为那样我就可以试着建立一个可预知的现实模式。这不是一个好状态。因为小时候对事件的解释，我一直生活在恐惧中。最近这种恐惧又出现，如果没有这种恐惧，我不可能获取这么多的知识。在意识到这一点的时候，我感到完全感激曾有过这些"艰难"的经历。我对过去的观点和看法从那一刻永远改变了。这就是我所谓的范式转换。即用新的眼光观察原来的情形。

——马克·文森特

笑和讽刺），这是因为这些科学家的观点和研究超越了权威所能接受的极限。

阿密特·哥斯瓦米看到了希望。他认为有反对不见得是件坏事。"可以说反对还是有意义的。除非你认为事物是垃圾，你是不会排斥它的，而且粗略的检查可以清除垃圾。但是一旦事物变得有意义了，而且粗略检查不再奏效时，你就会变得坚决，想要排除异己，因为异己对你来说是很危险的。"

科学范式的发展

有关范式的一大真理是，范式是改变的。特别是在后代将其成就建立在先辈成就之上的正在发展的科学领域里，当过去的观点被证明为不完整或不正确时，知识的范式就会得到发展。虽然速度有时慢有时快得惊人，但知识的范式一直是在前进的，这就是科学的伟大之处。科学不断进步，在过去观点的基础上提出新观点，建立新结构。

有时当前的模式会与知识的发展发生碰撞，并在冲撞中受挫。那么，无论有支持还是反对，过去的模式总会向新模式让步。

贺格林博士这样描述这一过程：

"科学进步的过程中存在着理解阶段和知识发展阶段。每个阶段都有其世界观和范式，并且人们根据这些世界观和范式行事，如组建政府、建立国家、编写宪法、建立组织、创立教育。所以，知识进步的同时，世界也在从一个范式向一个范式发展。每个阶段都有其特殊的世界观和特殊的范式，并且一个阶段最终走向下一个阶段。"

从过去的观点来看，我们是机器，内部没有意识活动的空间。如果机器死了也没有关系，你可以将其杀死，扔进垃圾堆，同样没关系。如果世界就是这样，人们都会那样做的。但还有另一种对世界的思考方式。这种方式由量子力学提出，认为世界并不像钟表装置，而更像一个有机体。世界是内部高度联系、向空间和时间延伸的有机物。所以，最基本的观点与道德伦理有关，我认为这会影响世界。在某种意义上，这正是世界观改变的关键所在。

——心理学博士迪安·雷丁

25

范式的范式

对我来说，范式大改变与我（存在的我）和宇宙的其他部分（我之外的部分）有关。如果我们只是世界中的小钟表和终结者玩具，那么在我之外发生的一切跟我有什么关系？正是这种态度使得轰炸、资源消耗变得容易，也使后代更加容易陷入贫瘠的世界。然而考虑到时间和空间，解释会完全不同。意思是说，整晚开着灯并不是因为我懒得去关，而是我在思考亮着灯会消耗多少煤或油，思考这些煤和油的制造，思考臭氧洞，甚至思考臭氧层怎样在三代人之后所剩无几。

让人很惊讶，人们整天操心的只是下一顿饭，却不会关心从今往后的100 年里人们将以什么为食。牧场里放养的麋鹿四处觅食，但它们从不会吃掉所有的种子。它们也没有时间概念。

——威廉·阿恩茨

威廉·提勒和许多前沿科学家与故步自封的态度发生了正面碰撞。他说："我们目标坚定地做了实验，但为什么没有形成一门科学？这才是真正的悲哀。大多数科学家被传统范式和观察自然的传统方式所禁锢，他们住在自己为自己建造的监狱里。一旦有违背他们规则的实验性数据资料出现，他们就要将之排除，加以掩盖。他们不会让这些资料公之于众的。因为这让他们不快，他们会尽可能地封锁一切信息交流传播的渠道。这些资料的确是而且一直是让他们不快的。人们总是习惯于观察世界的某种特定方式，这是人类的天性。新生事物是让人不适的。人们必须改变思维方式。"

提勒解释了当前科学现状的范式需要改变的一个重要原因：

"当今的范式已没有空间来接纳任何形式的意识、计划、情绪、思想／思维或精神。我们的工作表明，意识对物质现实有着强大的影响，这意味着终究必须有一个范式的转换，以允许新的意识的注入。也意味着为了允许新意识的注入，宇宙结构必须在其现状之上扩展。"

个人范式转换

范式转换如今不止发生在科学领域，且已经延伸入社会并在有力地影响我们的文化。或许最重要的是发生在个人身上的范式转换。在过去的几十年里，上千甚至上百万人的价值、理解、与他人和世界相联系的方式都发生了巨大的改变。

为什么会发生这种改变？原因之一是，人们已经意识到，他们对奢华的汽车、大房子和鞋子的无休止的追求最终只会是一场空，正如他们试图用占有金钱来填补空虚一样。拜金主义认为更多的金钱等于更好的生活。当人们得到的越多却发现最终还是空虚的时候，就会得出结论：拜金主义是错误的。

另一个原因是什么呢？如果新的范式是正确的，宇宙就是有生命的，我们人类的思维、行星和亚原子粒子都是其中的一部分，那么产生新世界观的必要性本身就会驱使其产生。看起来我们引入新的世界观的，也许是出于人类的自大（不再是这样了）。有机物饿的时候会寻找食物。我们是有机系统的一部分，行星、我们的思维、亚原子粒子同样也是。因为我们知道，我们已在死神门前安营扎寨，所以我们在寻找新的方式。

地球不再是舒适的地方了。污水和散发恶臭的空气、与饥饿抗争的过剩人口、手提箱大的可以摧毁一座城市的武器，这样的例子不胜枚举。甘蒂丝·珀特博士说："身体总会想着要自我愈合。"所以一旦如"新物理学"所表明的那样，物质和非物质的现实是一个巨大的有机体，那么这个现实就是试着自我愈合的时候。尽管对世界的旧的看法挣扎着捍卫其地位，新的看法正在由此而生。

是什么在起着平衡作用？是我们的现实观。天平是什么？是我们。

亚原子粒子是指比原子还小的粒子。例如：电子、中子、质子、介子、夸克、胶子、光子等。现代粒子物理学的研究集中在亚原子粒子上。这些粒子的结构比原子要小，其中包括原子的组成部分如电子、质子和中子（质子和中子本身又是由夸克所组成的粒子）和放射和散射所造成的粒子，如光子、中微子和渺子，以及许多其他奇特的粒子。

我认为我们这个时代意义最深远的趋向，是我们对宇宙的普遍观点的转变，即从认为宇宙没有生命到感受到其生命存在。
——杜安·艾尔金

27

思考一下

· 是什么范式在支配你的现实生活呢？

· 你的"眼镜"（意识和潜意识的）是什么颜色的？

· 怎样寻找潜意识的"眼镜"？

· 主要的世界范式是什么？

· 主要的世界范式与你自己的范式有什么不同呢？

· 世界范式与你的范式怎样互相作用？

· 社会意识是范式吗？

· 普通杂志是范式吗？

· 向新范式的转换对你来说意味着什么？

· 你愿意放弃和旧的范式相关的所有东西吗？

· 你的新范式是什么？

· 这是你的还是世界普遍的新范式？

· 若我们真的是突变的机器，你会爱上你的制造者吗？

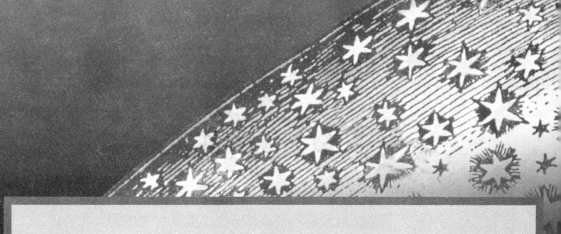

什么是现实

我现在认为不真实的东西，在某种程度上，或许比我认为真实的那些东西更为真实。然而这会儿我的这种判断，或许只是错觉，不见得就是对的。

——弗雷德·艾伦·沃尔夫

这章可以放在任何地方。

动物和鸟类生活在一个与我们的世界有很大区别的真实世界之中。它们有些能听见我们听不见的声音，看见我们看不见的光波（紫外线、红外线）。大多数哺乳动物（如狗）生活在一个充满各种气味的世界里，比我们更少依赖视觉。那些盯着天花板"空空"的角落看上数小时的婴儿又是怎样的感觉呢？

是不是应该把这章放在《视觉和感知》（下面一章）一章之后呢？那一章将讲述我们所感知和接触到的什么是真实的。或者是放在《量子物理学》之后？那一章将从本质上深入探究现实。我们还是面对这个问题吧，放在哪儿其实都可以。

难道不可以吗？那么告诉我，当你刚刚坠入爱河（《情感》那章）或你深爱的人刚刚离你而去的时候，什么是现实？放在《欲望—选择—意图—改变》那一章之后又如何呢？《欲望—选择—意图—改变》讲述的是选择和自由的意志。你认为那些选择是基于事实还是你对它的假想？

看看其他章节哪些地方与我们对事实的看法有关。它存在于任何一个章节中，存在于我们生活的每时每刻。对你来说每个决定都基于现实的某种构想之上。不过，你最后一次对现实的假想是什么时候呢？

我们问过不少科学家这个问题。戴维·阿尔伯特的回答谈及了我们为什么每天都要回答这些问题以及又该如何回答。他说：

"如果我某天早上起床，然后突然决定做出正式声明，当然，这是认真的……我不大确定我的眼睛是否正常，因此，尽管在我看来床边的地板是平坦的，但是那儿可能会是个悬崖或者类似什么东西。如果我不能计算出这些可能性的概率，我将不会下床！看起来我仅仅局限于字面意思。一个假设是，那儿正如我所见，是一块地板。另一个假设是，我所看见的地板是个幻觉，其实那里是悬崖。早晨起床的时候，你会更加相信其中的一个假想。这也是我们日常生活的方式。"

我们相信眼睛看见的是真实的，在那一刻，我们回答了困扰我们的问题——什么是现实？大多数人认为现实是我们的感觉映射在我们身上的东西。当然，那种观点已经伴随科学400多年了：如果无法被我们的五官感知（或者五官的扩展感官），那就不是真实的。

但是，就算这是"现实"通过我们的眼睛表现出来的一种形式，要是我们通过显微镜或者粒子加速器来进一步观察，真实又变得截然不同，难以辨认。

我们的想法又如何呢？它们是"现实"的一部分吗？现在好好看看，这里有窗户、椅子、灯和书，也许你认为它们是真实的。它们存在于窗户和椅子的"想法"之前。有人想象了那些窗户和椅子，然后创造了它们。所以，如果后者是真实的，那么想法是否也一样真实呢？许多人认为想法和情感是真实的——但是当科学家探索"现实"的时候，他们却小心地对此类事情避而不谈。

回到实验室

还是没有找到关于"什么是现实"的答案？这已经变成一个太大的问题。人类求助于实验室，并解决了一个简单的方面：就我们身边的"东西"来说，我们都同意它们是"真实的"，并且能看见其构成。这比起梦想、想法、情绪和其他内在的东西简单多了。

古希腊哲学家德谟克利特首创了原子这一概念："除原子和空间外不存在其他物质，其他一切皆为意识。"那是一个伟大的开端。于是有了电子

我从未质疑现实。为什么我要做那么愚蠢的事情？当我的世界变得一团糟，我开始质疑我的真实——不是桌子和椅子的真实性，而是我对真实的感知。一旦我意识到我的现实只是我的局限编织的一个假想世界，我肯定会去想象在它之外是什么样的。我所渴望却又自认为无法得到或者实现的究竟是什么？在我的现实世界中，唯一"可靠"的是我对现实的感知。如果我愿意张开双眼去看看新的可能性，我的现实世界也许也会改变。

——贝齐·可斯

从本质上看这根本无关紧要，它完全是并不真实存在的事物。你能对这些虚幻事物做出的最具体的描述，就是它更像是一种思想；像是一些有具体内容的信息。

——医学博士杰弗里·沙提诺瓦

记住：现实就是和我们休戚相关的一切事物。

——马克·文森特

显微镜、粒子加速器的产生，人类能够通过自己的努力观察微小的世界了。

上学的时候，你可能会看见原子的模型，一个实心的原子核及环绕在周围的电子，你还会被告知："原子是自然万物的建设基石。"

我们真的能够了解吗

18世纪德国哲学家康德指出人类从未真正了解过自然。我们所进行的研究只是在为我们提出的问题寻找答案。正如米希尔·莱德维特所说：

"我们知道，从量子的角度对现实的理解并不是唯一的办法和最终的办法。在科学研究的历史上，我们一直尝试在做的，是得出尽可能少的表现客观存在物质的性质的错误模式。当然，或许在20到30年时间里，量子物理学会被更加深入理解现实的一种新的物理学所取代。至于这种新物理学叫什么名字，那就无关紧要了。"

科学研究得出这些模式之后，我们还要考虑"我们"的问题。正如安德鲁·纽伯格博士所说：

"就拿我们是否生活在一个巨大的全息空间这个问题来说，我们至今仍然未能得出一个好的答案。我想，从科学能告诉我们世界是什么这个角度来看，这是一个我们不得不面对的大的哲学问题，因为我们在科学研究中一直扮演着观测者的角色。我们总是被进入大脑的那些东西束缚，它们限制了我们能看到什么，限制我们如何感知自己的行为。所以，可以想象得出来，所有这些仅仅是幻象，我们无法跳出来，置身事外，去看看外面的世界到底是怎样的。"

现实的不同层面

在我们思考现实的性质的时候会遇到很多束缚思想的问题。有一点对解决这一问题会有帮助作用，即现实有着不同的层面，这些层面同时存在，而且都是真实的。换句话来说，表层表现出其真实性。只有将这些层面进行有深度的对比的时候，我们才会发现其实它们并不真实。它们并不是最终的层面。我们的胳膊和腿、细胞和分子、原子和电子都是真实存在的。意识也是真实存在的。约翰·贺格林博士这样说道：

"事实上我们生活在并不相同的世界里。真理有着表层和深层之分。我们看到宏观世界，拥有我们自己的世界，还有原子世界、原子核世界。这些都是不同的小世界。这些不同的世界有着自己的语言，有着自己的数学定理。它们不仅是比大的世界小些，互相之间也完全不同。但是，它们是互补的，因为可以这样说，我是我的原子，我同样也是自己的细胞。我还是自己的宏观哲学。这些都是真的，它们仅仅是真理的不同层面罢了。"

我读完简·罗伯兹的《个人实相的本质》一书，然后我闭上眼睛，想象前面的墙是不存在的，当我睁开眼睛的时候，我想我能透过墙，看到墙后面的东西。结果我发现自己失败了。难道真的能看穿吗？

当然，我曾一直认为墙是不存在的，但是所有的现实，包括我坐在那儿，受到地面的支撑，受到万有引力的牵引等都证明了，世界是再真实不过的存在。早晨起来下地，我真的相信地板是真实存在的，并不是幻觉，而且我相信无底洞根本就不存在。

我们的每个动作都是对现实的证明，只是我们很少认真询问罢了。

——威廉·阿恩茨

33

思考一下

· 你对现实有着什么假设？你每天都会做什么样的最基本的假设？

· 你有没有想过想法是由什么构成的？

· 能否举个例子，你的想法是怎么成为现实的？

· 什么是梦？如果梦和感知是大脑活动的主要方式，那么人们为何会认为大脑之外的世界更为真实？

· 什么样的状态会让你觉得更为真实？

· 现实和你对现实的感知这两者之间有何区别？

· 改变你的范式怎样影响你对现实的感知？

· 有没有可能在不改变你的范式的情况下改变你对现实的感知？

· 你的"眼镜"现在是什么颜色的？

视觉和感知

　　思维提供了框架、具体知识和假设，以待人们用眼睛去观察。思维构成宇宙，眼睛观察宇宙。换一种说法来说，思维就在我们的眼睛里。

——汉利克·史可林姆斯基

这个世界，
露珠的世界，
然而……
　　——小林一茶（日本著名俳句诗人）

如果我感知到的所有事情都建立在我所知道的知识之上，那么我将怎样感知新的事物呢？如果从不感知新的事物，我该如何改变？如何成长？

在探索过有关"现实"的话题之后，我们还是回到科学上来。科学通过实验，经过验证，最终得到人们的认可。

谁看到什么

那些最优秀的游泳运动员、潜水员、跳高选手、短跑选手、举重运动员等，都对他们自己进行了详细设想比赛状况的训练。他们动用所有感官，模拟想要展示的所有动作。刚开始这看起来非常离谱，特别是对那些竞争力很强的运动员。他们无法了解闭眼静坐训练的价值。但到目前为止，事实已证明这种训练非常有效，并已成为一种普遍方法。

大脑对信息的加工有 5 个层次。你刚看到上面这句话的每个词的过程，正是这个过程。将每个词的图片传递给"你"的，其实并不是你的眼睛。大脑对眼睛传输来的直观数据进行加工，从而形成了这些词。

大脑这一过程的第一步，首先是将接收的信息分解为形状、颜色和模式。然后开始与存储的相似事物的记忆进行匹配，把信息与对某事件或某物的感情和既定认识相联系，然后将所有这些联系在一幅完整的"画面"中，并以每秒 40 次的速度在额叶闪现。这就像闪动的电影画面，我们甚至看不到连续的画面。

意思是说，大脑把你看到的东西画了出来。比如你正注视着森林，大脑实际上正在将森林与你对叶子、颜色、大小、形状的记忆和神经网联系起来，并将其放置在一起，从而把你看到的每棵树上的每片叶子画下来。

这看上去像是无稽之谈，与我们的行为方式相违背。那么神经生理学家怎么提出这一题目的呢？

你脸上那是鼻子吗

通过对中风病人的研究，科学家已得知大脑是怎样构造视觉形象的。有些人中风后，大脑的一小部分会停止工作，于是科学家们观察这是怎样影响病人的视觉的。

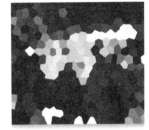

举个例子来说，有人得了中风，丢失了大脑中视觉加工部分中的一小块儿。丢失的那部分是认识鼻子的（很显然），所以他看不到鼻子。这类病人可以看到人身上的所有，但如果有谁戴着大的红色小丑鼻子，并问这些病人这个人有什么不同，他们永远不会提及鼻子。甚至当提醒他们"伙计，鲍勃的确长了鼻子"的时候，他们都不会有什么反应。

他们可以很好地感知其他的事物，这明显说明，眼睛将所有的信号发送回大脑，只是除了关于鼻子的信号。他们看不到真正的（小丑的或是其他人的）鼻子，只是看到了他们认为的鼻子"应当"是的样子。

事实上，是大脑而不是眼睛在感知，这一观点在稍浅显的层面上同样可以得到证明：由眼球到大脑后部，视神经经过的地方并没有视觉感受器。因此，你一定会想，如果我们闭上一只眼睛，我们会在中间看到一个点。但我们从来没有看到过。这是因为，不是眼睛而是大脑描画了画面。

更多的数据……

巨大的信息量冲击着我们，并进入我们的身体，进行加工。通过感觉器官，信息进入我们的身体进行一步一步地过滤并加以删减，最终只有最具有个人感情的信息进入我们的意识。

——哲学博士甘蒂丝·珀特

看不到想看的东西是什么感觉？我的情感怎样影响我对现实的感知？沉溺在过去的范式中时，我该怎样感知新鲜事物？为了不同于以前的感知现实，我愿意做什么改变？我的感知的改变会怎样改变我的现实生活？会更好，会不同？还是两者皆有可能？

——贝齐·可斯

如果先测量人们在注视某一物体时的脑电流输出，例如使用电脑断层扫描（CAT）或正电子断层扫描（PET），再测量他们想象同一物体时的脑电流输出，科学家们发现在两种情况下，活跃的大脑区域是相同的。闭上眼睛想象某一物体和真正看着这一物体会产生同样的大脑活动模式。

大脑不仅无法分辨什么是在环境中看到的，什么是其想象的，而且大脑看上去也不知道实际行为和想象的行为的区别。医学博士埃德蒙·雅各布森（渐进性放松减压法的创立人）首先于20世纪30年代发现了这一现象。雅各布森医生请受验者想象人的肢体动作，他发现，与实际做出肢体动作时的肌肉活动相对比，想象时的肌肉活动很细小很少。全世界的竞赛运动员充分利用了这一信息。

有关感知的事实

感知是一个复杂、多方面的过程，始于我们的感觉神经元从环境中提取信息，并将其通过电脉冲的方式传递给大脑。跟所有的生物一样，人类的感觉输入是有限的。我们看不到红外线，无法像鸟儿一样感觉到电磁场（鸟利用电磁场导航指引方向）。尽管如此，五官接收到的信息量之大还是惊人的。

很显然，我们有意识地接受和加工的信息远没有那么多，研究者认为大约只有很少量的信息传递给了我们的意识。那么，大脑"试着为我们创造有关世界的故事"的时候，如安德鲁·纽伯格博士所说，"它必须剔除很多不必要的额外数据"。

举个例子，在你读这些文字的时候，尽管你感觉得到房间里的温度、身体和椅子的接触、皮肤在感觉衣服的质地、听得到冰箱的嗡嗡声、闻到洗发水的香味，因为你专注于书上的文字，所以你意识不到这些感觉。纽柏格博士还说：

"大脑必须筛选出大量与我们无关的信息。这一过程通过阻止实现。大脑阻止一些反应和神经信息最终到达我们的意识，这样我们就意识不到正坐着的椅子了。这就是筛选掉我们所知的信息的过程。也还有筛选出我们不知道的信息的过程……

如果大脑不能完全确定我们看到的是什么东西，我们会去捕捉与其相似的东西。如果没有相似之处，或是我们知道的并非真实的事物，我们就会抛弃猜测，说'这一定是我在想象'。"

所以说，我们看到的现实，来自于我们的感觉输入，再加上大脑的巨大神经网包含的无数关联。纽柏格博士说："这取决于你有过什么样的经历，以及你最终怎样加工事实上创造你的想象世界的信息……最终是大脑感知现实，并创造我们的表现。"

> 大脑并不清楚外界发生的和大脑内部发生的事物的不同。
> ——乔·迪斯潘兹

情感和感知

珀特博士在国家卫生研究院的研究表明，我们是否或要怎样感知某一事物，不仅取决于我们认为它是真实的，而且与我们对感官所接受的信息作何感受有关。她说："我们的情感决定什么是值得我们关注的……感觉器官决定什么想法上升为意识，什么想法沉在身体深处不被发掘。"

正如乔·迪斯潘兹所说："情感的作用是以化学的方式使事物强化为长期记忆。这就是我们有情

> 我们有能力看到的东西，是我们大脑里放映的唯一一部电影。
> ——拉姆撒

感的原因。"我们的情感在视觉加工的最低阶段是内在联系的，差不多是第一步。从进化的角度来说，这种说法是有道理的。当你走在一条小道上，突然一只老虎跳到你面前，你会按照这个画面去做的，在意识到为什么之前开始奔跑。

研究人员把刚生下来的小猫放在没有垂直线的实验环境当中。当把它们放回正常环境时，它们看不到任何带垂直特点的物体（比如四条腿的桌子），并会一头撞上去。

面对大量的信息，我们扔掉那些不真实的成分（火星人），扔掉那些不相干的成分（洗发水的味道），存留的信息还是有很多，是情感使这些信息有了相对的分量和重要性。这是一条通往感知的捷径，这同样为我们提供了独特的能力，让我们对不想看到的事物视而不见。

范式和感知

如果我们在已有的记忆、情感和人际交往储备的基础上构建现实，我们该怎样感知新事物呢？

问题的关键是新的知识。通过扩大范式——我们认识什么是真实，什么是可能的模板，我们在大脑能够运作的事物中加入新的选择。要明白的是，这些能够运作的事物仅仅是建立在我们个人经验基础上的对现实的有效表达。新知识可以为我们的思维打开新的感知和经历种类和层次。

新的信息固然重要，但是完整的知识同时需要理解和经验。如果想让人知道桃子的滋味，你可以告诉他们相关的信息："桃子吃起来多汁，甜甜的，而且很爽口……"但是他们不亲自尝一口，是不会真正知道桃子的味道的。所以，为了扩大范式，为自己打开更大的生活空间，我们也需要新的经历。

比如说，你上次让自己很惊讶是什么时候呢？就是你上一次做了什么疯狂的事，让你觉得"那不

是我"，你会说："真不敢相信我那么做了。"

在《伊斯特兰之旅》这本书中，卡洛斯·卡斯塔尼达叙述了唐璜的一课："跟踪自己。"换句话来说，了解自己的习惯，就如同学习捕猎一样，所以你会陷入老的行为习惯或是推陈出新的圈套中。

又回到这个问题上来：如果只是感知你所知道的，该怎样感受新鲜事物呢？如果是你创造了自己，你又该怎样创造一个新的自己呢？

一旦人们意识到我们只能够在已知的范围内经历生活，很明显，如果想要过更宽裕更富足的生活，如果想要更多的成长、进步和幸福的机会，那就需要我们提出大问题，继而做出大的迈步，体验新的情感，为神经网收集更多的信息。

一个拓展

卡尔·普里布拉姆改革了人们对大脑的认识。他认为大脑本质上是全息的，其信息加工过程在整个大脑中进行，就像全息照片，由每一张一起组成完整的图画。这足够奇怪，但普里布拉姆运用这一过程来解释我们怎样感知。他说从本质上看，宇宙也是全息的，我们之所以不仅能感知现实而且能感觉到在现实之中，唯一的原因是我们的大脑全息地与"外部空间"（时间和空间消失的境界）联系在一起，从而我们的感知不仅在大脑内进行，还在脑外与"外部空间"相互作用。

这仅仅是一种观点。

最近我听到一个故事，说的是一家保险公司调查的一个案子。轻型飞机驾驶员遇到引擎故障时，可以试着降落在距离最近的高速公路上。然而经常发生的是，一旦飞机降落后慢慢减速，惯性使得飞机无法马上停在路上（能活下来他们就很庆幸了），汽车驾驶员经常猛冲向飞机。警察询问的时候，他们总会说压根儿没看见飞机，前一秒钟他们还在开车，后一秒钟就撞上了。保险公司发现，这样的事故之所以会发生的原因是，驾驶员在高速公路上最料想不到的事情就是看见飞机。

——马克·文森特

思考一下

· 你的范式或态度怎样影响你所看到的东西？
· 最近你经常处于什么情绪之中？你的情绪怎样影响你的感知？
· 你能看到存在于情感状态之外的东西吗？
· 如果你仅感知知道的东西，该怎样感知新事物？
· 你愿意感知什么新事物？
· 为什么你看不到先兆？
· 新的感知从何而来？

量子物理学

我想我可以肯定地说，没有人理解量子力学。

——理查德·费曼

第一次接触量子理论却没有感到震惊的人是不可能理解它的。

——尼尔斯·玻尔（因其原子结

构学说于 1922 年获诺贝尔奖）

如若那些诺贝尔奖获得者不理解量子理论，那我们还哪有希望？当现实敲打你的门，告诉你那些令人迷惑、不可理解、困惑不已的事的时候，你会怎么做？你做何反应？如何继续生活？你的选择均能表现你是怎样一个人。这个奥秘留到以后章节讨论。那么现在，让我们说说电子、光子和夸克，以及如此微小的物质（如果算是物质的话）怎么这么深奥，又是如何打破秩序井然、我们理解的世界的？

当已知遇上未知

经典牛顿物理学建立在对平时所见的普通固体和物体的观察之上。这些物体包括从落地的苹果到沿轨道运行的行星等等。上百年来，经典牛顿物理学的法则不断被检验、证实和延伸。人们深入地理解了这些法则。正如我们在工业革命的胜利中所看到的，这些法则成功预测了物理发现行为。但在 19 世纪后期，物理学家开始研发工具，以研究物质的微小世界，这时他们发现了很让人疑惑的事情：牛顿物理学不成立了！它不仅无法解释而且无法预测研究人员所探求的结果。

在之后的几百年里，一种全新的科学描述逐渐

一方面，量子力学是一门似是而非、令人疑惑、概念模糊的理论。另一方面，我们别无选择，无法将其抛诸脑后或视而不见，因为要预测我们经营的物质系统的行为，量子力学是已被证明的最有力度的方法。

——哲学博士戴维·阿尔伯特

成熟，来解释微小世界。这一新知识被称为量子力学、量子物理学或简称量子理论，它并没有取代至今仍能巧妙解释大的宏观物体的牛顿物理学。与其相反，量子力学的目标是到达牛顿物理学无法触及的领域，即亚原子世界。

斯图尔特·汉莫洛夫博士说："宇宙很奇怪。它似乎是由两套规则来支配。在传统意义的世界当中，即大体在我们的空间和时间里，是上百年前证明的牛顿运动定律在描述物质……然而，当我们深入小的层面，涉及原子层面时，会发现一套不同的法则在起着支配作用。这就是量子规律。"

德国物理学家马克思·普朗克于1900年首次将"量子"一词运用于科学；"量子"是拉丁语，意思是数或者量，用来表示所有物理性质的最小单位，比如能量或物质。

事实还是想象

量子理论所表现出来的如此令人难以置信，听起来更像是科幻小说：粒子可以同时存在于两个或更多的地方。同一个"物体"可以表现作可以定位在一个地点的粒子，或是表现为向空间和时间延伸的波。

爱因斯坦说没有什么可以超过光的速度。但量子物理学表明，亚原子似乎可以瞬时在任何广度的空间活动。

经典物理学属于决定论范畴：在已知环境状况的情况下（比如物体的位置和速度），你能够确定物体的运动方向。量子物理学是概率性的：你永远不可能绝对确定特定事物会怎样发展。

经典物理学属于简化论：其前提是只有了解各个部分才能最终认识全部。而量子物理学更加有机更加完整，如同在画一幅宇宙图。图中的宇宙是一个统一的整体，各个部分互相联系，相互影响。

或许最关键的是，量子物理学摒弃了主导科学

量子力学是研究微观粒子的运动规律的物理学分支学科，它主要研究原子、分子、凝聚态物质，以及原子核和基本粒子的结构、性质，它与相对论一起构成了现代物理学的理论基础。量子力学不仅是近代物理学的基础理论之一，而且在化学等有关学科和许多近代技术中也得到了广泛的应用。

当你接触到经典力学和量子力学的一项意义深远的哲学思想的转换时，就会发现，经典力学是建立在我们如今认为只是幻想的基础上：被动地观察事物的可能性。量子力学坚决终结了这一幻想。

——哲学博士戴维·阿尔伯特

波粒二象性是指一切物质同时具备波的特质及粒子的特质。波粒二象性是量子力学中的一个重要概念。

在经典力学中，研究对象总是被明确区分为两类：波和粒子。前者的典型例子是光，后者则组成了我们常说的"物质"。1905年，爱因斯坦提出了光电效应的光量子解释，人们开始意识到光波同时具有波和粒子的双重性质。1924年，德布罗意提出"物质波"假说，认为和光一样，一切物质都具有波粒二象性。根据这一假说，电子也会具有干涉和衍射等波动现象，这被后来的电子衍射试验所证实。

界400年之久的笛卡儿关于主体和客体、观测主体与被观测客体区别的观点。

在量子物理学中，被观测的客体受到观测主体的影响。万物并非是孤立存在的观测者，而是宇宙运行机制的参与者（这一点非常重要，我们将用独立的一个章节讨论）。

震惊之一——空白空间

让我们从熟悉的事物说起。牛顿物理学理论结构遭受的第一个冲击是物质世界的假定固体组成部分——原子——大部分由真空构成。怎么个空法呢？如果用篮球代表氢原子核，围绕着原子核的电子在差不多20公里外运动，而其间空无一物。所以环顾四周的时候，一定记得四周的微小物质没有东西包围着。

并不见得。假设的"空白"并非什么都没有，其中蕴藏着细微却巨大的能量。我们都知道，能量随着物质结构研究层面的深入而增大（比如核能是化学能的上百万倍）。科学家称，一立方米真空（大约一块大理石大小）中的能量比已知宇宙中任何物质的能量都要大。虽然科学家们现在还未能直接测量出此能量的大小，他们已经看到这个巨大能量海洋的影响有多大。

震惊之二——粒子，波，还是波粒二象性

粒子之间不仅有空间。随着科学家们对原子的研究的深入，他们发现亚原子（原子的组成部分）也并不是实心的。亚原子看似有着双重性质。根据看待它们方式的不同，亚原子能以原子或者是波的

形式活动。我们可以把粒子描述为占据特定空间的独立、实心的物质。另一方面，波没有固定位置，也并非实心，而如声波或水波那样延伸散开。

电子或光子（光的粒子）和波相同，没有准确的位置，而以"概率场"的形式存在。概率场和粒子一样，在特定空间和时间里成为能够固定位置的实心物质。

令人惊讶的是，似乎这种不同是由观察或测量引起的。无法测量和未观察到的电子以波的形式运动。一旦在实验中对其进行观察，他们马上成为能够固定位置的粒子。

物质怎么可能同时以固态粒子和柔和流动的波这两种形式存在？我们刚说过的话或许能解释这一悖论:粒子以波或粒子的形式运动。但是，就像"粒子"是来源于世界的一个类比，"波"同样也仅仅是个类比。因"波动方程"（薛定谔方程）而闻名的欧文·薛定谔首次将波动理论列入量子论，他通过数学方法总结出未观察前粒子呈波状的概率。

科学家们尝试要弄清楚他们研究的到底是什么。但无论是什么，他们从未见过类似的现象。一些物理学家决定称这一现象为"波粒二象性"。

震惊之三——量子跃迁和概率

科学家在研究原子的过程中发现，当电子沿着轨道绕原子核运动的时候，它们并不像一般物质那样在空间做连续运动，而是做瞬时运动。就是说，电子从一个轨道上某一位置消失，而出现在另一位置，这就叫作量子跃迁。

似乎这个发现还未打破常规现实，科学家们还

薛定谔提出波动方程的同时，沃纳·海森堡用先进的矩阵数学解决了同一难题。但是数学有些模糊，跟人们的经历关系不大，而且不如"波"流畅，所以"矩阵变换"被人们摈弃，而接受了"波动方程"。

就我而言，这门科学的含义让我吃惊。量子力学看起来像是有魔力。问题是，区分古怪离奇的量子世界和大规模看上去呈现固态的世界的界限是什么呢？作为年轻人，我总想，自己是否是由做真正古怪事情的亚原子粒子组成……我可不可能有能力做真正古怪的事情？

——马克·文森特

当亚原子物质以波的状态存在时，人们观察它的时候，亚原子会变成什么，或是被定位在哪儿，这些都是不确定的。亚原子存在的位置有许多的可能性。这种状态叫作叠加。就像是在光线昏暗的房间里抛硬币一样，从数学角度来看，即便硬币掉在桌子上，我们都说不出是正面还是反面。灯亮了后，这种叠加破裂，我们看到硬币是正是反。如同打开灯一样，对波的测量使量子力学叠加的概念崩溃。而且，粒子以可以测量的经典状态出现。

发现，他们无法准确知道电子会在哪里出现，或是电子何时发生跃迁。他们力所能及的只是将电子新位置的概率公式化（薛定谔的波动方程）。"在我们经历现实的同时，现实无时无刻在可能性的范围之内变化和发展着，"沙提诺瓦博士说，"但其中真正的玄妙在于，在能预料到的可能性之外，将发生什么并不是由物质世界任何一部分决定的。没有哪个过程决定会发生什么。"

震惊之四——测不准原理

在经典物理学中，物质的属性，包括其位置和速度，都可以在有限的技术条件下进行精确测量。但在量子这个层面，当测量某一性质比如速度时，你无法同时精确测量出其他性质，例如位置等。我们或许能知道某一物质在哪儿，但我们无法知道它运动的速度有多快。同样，知道这个物质运动速度有多快，我们却不知道它在哪儿。而且无论技术有多精细多先进，人们都不可能彻底地给某一物质精确定位。

测不准原理（又称不确定原理）由量子物理学的先辈之一海森堡提出。测不准原则认为，无论你多努力，都不可能同时精确测量出物质的速度和位置。我们越多地关注其中一项性质，就会对其他的性质更加不确定。

震惊之五——非定域性、EPR诡说（电子顺磁共振）、贝尔理论和量子纠缠

可以说，阿尔伯特·爱因斯坦并不接受量子物理学。尤其是对上面描述的任意性，爱因斯坦引用

了这样一句不太好听的话作为回应："难道你们真的相信上帝也靠掷骰子办事吗？"尼尔斯·玻尔反驳道："我们不能教导上帝该怎么做！"

为了与量子力学抗争，爱因斯坦、玻道尔斯基和罗森（EPR）于1935年提出一个想象实验，企图表明量子力学的荒谬。他们巧妙地总结出量子的一个当时未被认可的含意：假定存在两个粒子，它们互相纠缠或是重合。使两个粒子向相反方向运动，然后改变其中一个粒子的状态，那么，另一个粒子会立即改变其状态，与前一个粒子相对应。是立即改变！

爱因斯坦称这种荒谬的看法为"鬼魅般的远距效果"。爱因斯坦的相对论称没有物质的速度能够超过光速。这是无限快的！而且，"一个电子可以追踪到相反方向的另一个电子"的观点打破了人们对现实的普遍看法。

1964年，约翰·贝尔创立了一套理论，实际上是说EPR论断是正确的。EPR论断表述的是事实发生的事情，而认为物质都有局域性或在某一位置存在的观点是不正确的。万物都是非局域性的。粒子与粒子在某一层面超越时间和空间密切地联系在一起。

贝尔的理论一经发表，就一次又一次在实验室里被验证。我们生活的世界最基本的特征——时间和空间，在量子世界以某种方式被物质总是互相接触的观点所代替。难怪爱因斯坦认为贝尔理论会是量子力学的致命一击，这毫无意义。

尽管如此，这一现象看起来是宇宙中可操作的法则。事实上，薛定谔说量子理论中纠缠并不有趣。1975年，理论物理学家亨利·斯塔普称贝尔理论为"科学中意义最深远的发现"。请注意，他说的是科学，并非只是物理学。

我觉得有趣的问题并不是"为何量子力学这么有意思"，而是"为何这么多人对量子力学感兴趣"。量子力学公然藐视我们对世界运行方式的普遍概念。它告诉我们，那些显而易见我们认为正确的事物，其实是错误的。然而，它却迷住了上百万向来"没有科学细胞"的人。

——威廉·阿恩茨

量子物理学和神秘主义

我们似乎越来越容易理解为何物理学和神秘主义两个领域互相摩擦。物质虽分离却总是互相接触（非局域性）；电子从 A 移动到 B，却从不介于 A 和 B 之间；物质以分散的波函数形式显现，只有在测量时分裂，或成为空间的一种存在。

神秘主义者对这些观点没有异议。这些观点中大部分促进了粒子加速器的产生。量子理论的很多奠基人对有关宗教的事情都很感兴趣。尼尔斯·玻尔的盾形纹章上有阴阳符号；戴维·波姆曾与印度圣人克里希那穆提进行过长谈；欧文·薛定谔讲过《奥义书》的课。

但是量子物理学能验证神秘世界观吗？如果问物理学家这个问题，那他们会让你自己去地图上寻找答案。若你在物理学界的鸡尾酒会上问这个问题，还强调自己的观点，那你很有可能（毕竟量子本身是概率性的）会遭到群殴。

除了唯物主义者之外，似乎我们一致认为人类正处于类比的阶段。这种相似性大得让人无法对其视而不见。量子力学和禅宗一样，都认为应该持有矛盾的世界观。正如我们之前引用过的雷丁博士的话："我们推荐另外一种思考世界的方法，这种方法由量子力学提出。"

人们至今还没有得出答案，到底是什么引起了波函数的塌缩，量子事件是否真的是任意的。制定一套正确统一的有关现实的概念尤为紧迫，这对解释量子神秘的科学家以及我们也都很有必要性。当代哲学家肯恩·威尔伯同样提出了这一紧迫性：

我一定把马克和威廉弄疯了。我曾经每天会问数百万遍："这到底跟我有何关系?! 为什么我要关注古怪的量子世界？我的世界已经够离奇了！"我至今还不确定是否得到了答案。弗雷德·艾伦·沃尔夫说过："如果你认为自己理解了，那你什么都没有听到！"从中我得到的一个启发是：享受混沌，拥抱未知，因为从中会产生伟大的经历。

——贝齐·可斯

电子分裂是什么声音?

"神秘主义的轻率推测会使得波姆、普里布拉姆、惠勒和所有科学家的成就大打折扣。神秘主义本身很深奥，我们很难将其归为科学理论化的某些阶段。那么就让神秘主义和科学互相尊重，让他们之间的对话和意见交换永不停止……

因此，在批评新范式的某些方面上，我认为不应该阻碍大家对深入尝试的兴趣。我想要呼吁，在说明那些特别复杂的事物时要提高精确性和清晰度。"

我们有着完美的身体遗传，有着进化完美的大脑，从而我们可以进行抽象对话。如果人类处在巨大的进化机器中、身体和大脑都能得到完美的体现，那么我们应有询问"如果……将会怎样"的权利。
——拉姆撒

总　结

总结？不是开玩笑吧？如果你自己已经有了些结论，那么，无论如何，欢迎来到这个好争吵、使人兴奋、让人迷惑、具有启示性的抽象思维的世界。看看，科学、神秘主义、范式、现实，这就是人类研究、发现和辩论的主题。

再看看人类思维是怎样探索让我们找到自我的这个奇怪世界的。

这才是人类真正伟大之处。

思考一下

· 想一个生活中体现牛顿物理学的例子。
· 牛顿物理学是否阐释了你的范式?
· 了解古怪离奇的量子世界的新信息是否改变了你的范式?
  是怎样改变的?
· 你是否愿意体验未知事物?
· 决定粒子的性质和位置的观测主体是谁,或是什么?

观测主体

魔镜魔镜告诉我，是谁使微小的物质塌缩的？

——古老童话的量子版本

> 在某种程度上，我怎样观察电子的意识会决定电子的性质。如果提出一个关于粒子的问题，我的意识会给出一个关于粒子的答案。如果提一个有关波的问题，我的意识同样会给出一个相应的答案。
>
> ——弗里乔夫·卡普拉

对于他们努力的本质和他们制定的公式的意义，物理学家们的观念发生了深刻的改变。这种改变并非轻率的举动，而是物理学家们最后的全力一击。为了理解原子现象，我们必须摒弃物理本体论，应当把数学公式解释为与人类观察者的知识直接相关，而不是关于外界事件本身。这种观点看起来实在是荒谬，除了作为最后的方法，那些著名科学家是无法接受它的。

——亨利·斯塔普

已经有实验证明，观察的过程会影响被观测的客体，科学不得不放弃存在了四个世纪的假设，被迫接受这个改革性的观点——我们处于现实之中。尽管量子力学的影响、性质和程度至今仍然是争论的热点，正如弗里乔夫·卡普拉所说，有一点是清楚的："量子理论的决定性特征是，观测主体不仅需要观测原子现象的性质，甚至还需要促使这些性质产生。"

观测主体影响观测客体

在观察和测量之前，观测客体以概率波的形式存在（专业称谓为波函数）。观测客体没有特定的位置或速度。在接受观察的时候，其波函数或概率波蕴含的可能性告诉我们，观测客体可能在此处，也可能在别处。它有可能的位置，可能的速度——但在观察之前，我们无法知道这些可能性到底是什么。

布赖恩·格林在《宇宙的材质》一书中写道："从这种观点来看，我们测量电子的位置时，并没有同时在测量现实的一个客观的、本身固有的特征。测量的过程和创造正在测量的现实的过程是密切相连的。"弗里乔夫·卡普拉说："电子的客观性质没有独立于我的思维之外。"

以上这些使外部世界和主观观测主体之间曾经突出的区别变得模糊，而且两者似乎要在探索的过程中结合和融合，或是在创造世界。

测量难题

如今观察的效果通常被称为测量难题。最初对这一现象的描述包括了对有意识的观测主体的描述。人们一直在尝试怎样从这个难题中除去"有意识"这个词。"有意识"是什么意思的问题很快就出现了：假如一只狗看着电子实验的结果，这样会导致波包塌缩吗？

在从这个难题中除去人的意识的因素的过程中，物理学家们意识到了之前提到过的事实：测量的同时不影响到被测量物质的幻想已被打破。如谚语中"墙上的苍蝇（隐蔽的或不引起注意的观察者）"那样不影响其他事物的情况，是不存在的（我们不必担心苍蝇有没有意识）。

为了接受观测主体、测量、思维和塌缩的问题，人们在这几年里提出了许多理论。第一个，也是仍然在争论中的理论便是哥本哈根解释。

哥本哈根解释

在尼尔斯·玻尔居住的哥本哈根理论物理研究所，他和同事们一起首次提出一些激进的观点，认

我想人们在谈论观测主体的时候会忽略的一点是：观测主体到底是谁？或许我们并未真正理解，却早已习惯了观测主体这个词。不论性别、种族、社会地位或是信仰，人人都是观测主体。意思是说每个人都有观察和改变亚原子现实的能力。你能让任何人从大街上离开，无论 CEO、门卫、妓女、小提琴手，还是警察。而且同样的事他们也能做到。不仅只有科学家在他们神圣的工作室里做得到。

——马克·文森特

55

要完全理解量子力学，要完全肯定其对现实的看法，我们必须面对量子测量难题。

——布赖恩·格林，《宇宙的材质》

也许问题在于，当观察者正在观察和改变现实的时候，我们能否为观测主体的行为创立一个数学模式？迄今为止，我们在回避这个问题。用于观察的数学模式似乎都会带来数学的间断。观察者被物理方程式排除在外只是因为一个简单的原因，即那样做事更简单些。

——弗雷德·艾伦·沃尔夫

为在所有物理过程中，观测主体都会不可避免地对观测客体产生影响。而且认为我们并不是物质和事件的中立、客观的目击者，这常被称为哥本哈根解释。玻尔认为，海森堡的测不准原理不仅仅暗指了我们无法确切判定亚原子的运动速度和位置。如弗雷德·艾伦·沃尔夫解释的那样，玻尔的观点是："你不仅仅无法测量它。直到物质被观测之后，我们才能称其为'它'。海森堡认为世界之外有很多这样的物质。"他无法接受直到观测者参与了才有"它们"（这些物质）。

事实上，很多科学家对量子力学的概念提出了反对和质疑，认为它违背常理和人们的生活经历，又难又让人疑惑。爱因斯坦和玻尔在很多场合都进行过争论，爱因斯坦说他就是接受不了。

分歧一直都存在，有人或许称之为激烈的辩论。辩论的主题是，这是否意味着使波函数产生塌缩、使物质从概率的状态发展到其实在价值的，是人类的意识，是观测者（与非人类相对）？

海森堡认为，思维是这个难题的关键所在。他把测量活动称为："在观测主体思维中记录结果的行为。概率函数随着记录的行为产生不连续的变化。这是因为记录的瞬间，人类知识的不连续变化影响着概率函数的不连续变化。"

琳恩·麦塔嘉的表述更通俗一些："现实就像是未包装的果冻甜点。未来的生活是一大团模糊的软泥。我们通过参与、关注和观察的方式，将果冻甜点包装起来。所以，我们本身就是现实整个过程的内在一部分。我们的参与创造了现实。"

量子力学的基础

这一领域的研究出现于 20 世纪 70 年代，目的是尝试除去量子力学理论中"意识"那一部分。这是面对测量难题的一个更加机械的方式。在这一研究中，物理测量手段被看作是活化剂。

正如阿尔伯特博士所描述的那样：

"人们就形式进行着一连串不断进步的、越来越激烈的对话。'猫的意识可以引起这些结果吗？老鼠的意识可以引起这些结果吗？'最终一切都明白了：相关的词语非常不确切，非常含糊，让你无法用这些词语建立一套有用的科学理论，所以人们放弃了这一观点。

量子力学的基础尝试着揭示的是，为了产生这些变化，人们怎样改变方程式，以及为了表现这些变化是怎么发生的，怎样在我们的世界观上添加物理的成分。"

概括来讲，量子力学的基础试图用纯物理角度的观点来观察量子力学。这一纯物理观点不把有意识的观测主体从意识角度的挑战考虑在内。

爱因斯坦的理论本身是一个宇宙，其中的物质拥有所有可能的物理性质。这些物理性质并非处于不稳定状态，等待着实验人员的测量使他们稳定地存在。大多数物理学家会说，在这一点上爱因斯坦也是错的。多数物理学家看来，测量使得粒子具有了性质。粒子未被测量时，其状态模糊不清。

——布赖恩·格林，
《宇宙的材质》

多世界理论

物理学家休·埃弗里特提出，进行量子测量的时候，并非波函数塌缩是唯一的结果，每一种可能的结果都有可能实现。在实现过程中，出于适应所有可能测量结果的需要，宇宙会分裂成很多种形态。这引起了（非常笨拙却肯定能扩大我们的意识）一个概念的产生，即存在着无数平行宇宙，在这些宇宙中，所有的量子潜能会全部被发掘出来。

波函数是量子力学中用来描述粒子的德布罗意波的函数。为了定量地描述微观粒子的状态，量子力学中引入了波函数，并用 ψ 表示。

消化一下这个概念吧。每当你做出选择的时候，这一选择的无数平行的可能性或结果就会立刻发生。

量子逻辑

如果要问电子的位置是否保持不变，我们必须回答"否"；如果要问电子的位置是否随着时间改变，我们仍须回答"否"；如果要问电子是否处于运动中，我们还是必须回答"否"。

——奥本海默

数学家约翰·冯·诺伊曼为量子理论提供了精确的数学基础。在观察观测主体和观测客体的时候，他将这一难题划分为三个过程：

过程一：观测主体做出决定，向量子世界提出一个问题。"魔镜"的选择已经限制了做出反应的量子系统能获得的自由的形式。事实上，提问会限制量子世界的反应：如果有人问你晚餐吃了什么水果，牛排一定是无效回应。

过程二：波函数的发展阶段。在这一过程中，概率以薛定谔的波函数描述的方式得到发展。

过程三：回应过程一中提出的问题的量子阶段。

这种形式主义有趣的一点是向量子世界提什么问题的决定。所有的观察都与观察何物的决定有关。"选择"、"自由意志"这样的词冷不丁地就会被看作是整个量子事件的一部分。尽管人们还在争论狗是否是有意识的观测主体，但是，狗是否曾经决定（过程一）要进行有关电子的波动性质的量子测量，这一点似乎显而易见。

在量子逻辑理论中，过程二所涉及的物理系统中包含着的物质没有任何区别。观测主体的大脑不仅是被观察的电子，似乎还可以被看作发展中的波函数的组成部分。这引起了很多有关意识、思维和大脑的理论的产生。

通过约翰·冯·诺伊曼的量子逻辑，测量难题中最为关键的一点表现了出来：观测主体的一个决定产

扫码获取更多资源

生一个测量结果。这个决定限制物理系统（如电子）能够给出回应的自由程度，从而也影响了结果（现实）。

新现实主义

新现实主义由爱因斯坦认定。他认为，现实是由经典物理学所熟悉的物质构成，量子力学的佯谬揭示出经典物理学的理论是不完整和错误的。这种观点也叫量子力学的"隐变量"解释，认为一旦我们找到所有的缺失因素，佯谬就被打破了。

整体性

爱因斯坦的学生戴维·波姆认为，量子力学揭示出现实是一个未分割的整体，当中所有物质都有着很深刻的联系，并超越空间和时间的一般限制。他提出一个概念：宇宙中存在着"隐卷序"（或称"象外秩序"），而且从中产生了"显展序"（或称"言诠秩序"，即隐藏的、无法检测的物理世界）。正是这些秩序的卷入和展出引起了量子世界的多样性。波姆关于现实的性质的看法产生了宇宙的全息理论。卡尔·普里布拉姆和其他科学家使用这一理论来解释大脑和感知。在最近一次与埃德加·米切尔的对话中我们得知，他认为哥本哈根解释是不正确的，认为量子全息是一个更好的现实模式。

在我看来，新现实主义理论说的似乎是："因为不理解，所以我们知道量子是错误的（悖论）。我们是对的，因为我们认为如此（这是常理）。并且我们肯定一旦知道得更多（发现隐变量），我们就能证明自己是对的。"这就好比是"我们知道猫王还活着，只是还未找到他罢了"。

——威廉·阿恩茨

观测主体对观测客体的影响有多大

这是最关键的问题。弗雷德·艾伦·沃尔夫说："你并不是在改变现实。你没有改变椅子、大

理解观测主体的时候，我们必须向毕生所梦想的能将能量转化成现实的更伟大人物低头。我们感知的现实是种混沌状态，但有着确定的秩序。这超越我们，且程度更深。
——拉姆撒

卡车、推土机和升空的火箭，什么都没有改变。但是，你怎样感知事物，怎样看待事物，对事物有什么感受，以及你对世界的感想，这些都在改变。"

我们为何没能改变大卡车、推土机和生态死亡？乔·迪斯潘兹认为原因是："因为我们失去了观察力。"他相信接受量子力学的观点很简单：观察对于观测客体的世界有着直接影响。这将激励人们去关注怎样成为更好的观测主体。迪斯潘兹还说：

"亚原子世界对我们的观测做出回应，但普通人每 6 到 10 秒钟注意力就会分散。所以，怎能对无法集中注意力的人做出巨大的反应呢？或许我们是很失败的观察者。或许我们还没有掌握观察的技巧，如果可以称其为技巧的话……

我们应该会很乐意每天坐下来，抽出一段时间来观察，为自己的未来构想新的可能。如果能将这些都做好，那么机遇将开始眷顾于我们。"

改变你的生活现实

我们发现，科学取得最大进步之时，人类思维已从自然中收回曾经投入的东西。我们在未知世界的岸边找到奇怪的脚印。我们已经接连提出深奥理论来解释脚印从何而来。哦，你瞧，它就是我们的。
——阿瑟·爱丁顿爵士

让我们从亚原子上升到人类的高度。试问：什么是观察？对人类来说，观察的途径是你的感知。

哥斯瓦米认为："所有的观察行为都可以被看作是量子测量。这是因为量子测量会产生大脑记忆。每当遇到和经历重复的刺激的时候，大脑记忆就会被激活。重复的刺激不仅会颠覆人们对事物最初的印象，还会改变重复的记忆印象……"

我们总是通过观察记忆中的映象来感知事物。正是记忆中的映象给我们自我感，即我是谁、我的行为方式、我的记忆模式以及我的过去。

换句话说：

记忆（过去）→感知→观察→（影响）现实

《奇迹课程》强调宽恕是改变现状的最重要因素。想一想耶稣的传道关于宽恕的部分，再想想有关感知的传道："因为邻居眼睛里的斑点而挑邻居的不是之前，首先应该把你眼睛看到的斑点除去。"最终的结论是："你应该像爱自己一样爱你的邻居。"

这本书的副标题是"发现改变现实的无穷可能"。那么，如果现实仅仅是这一问题的答案，或是人们的一种思维态度，而且这个答案在记忆、感知和观察的长链的最后环节才得到确定。与其问我们如何改变现实，不如问问我们为何保持现实一成不变。这个问题的答案便是改变的关键所在。

测量难题仅仅是个"难题"罢了，因为它割裂了我们在观测客体之外这一概念。很简单的测量手段都会对被测量系统产生影响，甚至会改变这一系统。被观测的现实有着流动性，这似乎与咖啡杯和升空火箭这样的固体物质世界是相反的。然而，这却是现实的各方面怎样互相连接的基本特征。

"连接"是当中的关键词，我们也可以说关键词是联系、纠缠，或是同一个波动方程的部分。从量子的角度来看，这种万物具有基本不可分割性的概念正持续减弱。

我们是谁？是与亿万电子争论不休的渺小人类？

是谁使微小物质产生塌缩？哦，不是谁，而是什么使微小物质塌缩？万事万物皆有可能。

问题仍然存在着：思维、精神和意识仅仅是物，或同时也并非是物。如果它们是，那么它们和它们引起塌缩的物质一样真实吗？在幻想的世界里，物与非物的区别可能在于其他幻想所依赖的那一个幻想。

我总觉得自己完全能够控制自己的情绪，以及自己对人物、地点、物体、时间和事件的反应。当我聆听弗雷德·艾伦·沃尔夫、约翰·贺格林和其他受访者的高见的时候，我才意识到，我只是从生活这面墙上弹起的一颗弹子。我很惊讶自己有时间呼吸而没有受到严重的头部伤害！我越来越注意自己体内在发生什么，并用它来改变我对"外部世界"的感知。这为我的生活开辟了新的可能。比如那些我从不知道或从未意识到自己能做的事情，其实我是做得了的。再比如当我有能力观察和选择而不是做出反应和懊悔的时候，时间以同一个步伐慢慢地流淌。

——贝齐·可斯

"从量子角度来看，宇宙是物质强烈地相互作用的场所。"科学家丹·温特在其发表在《发现》杂志上的极具挑战性的文章《如果我们不观察，宇宙还存在吗？》中这样说道。文章概括了普林斯顿物理学家约翰·惠勒"观察起源"的观点。惠勒（阿尔伯特·爱因斯坦和尼尔斯·玻尔的同事，"黑洞"一词的创造者）称："我们不只是宇宙舞台的旁观者；我们还是宇宙的塑造者和创立者。"

思考一下

· 如果你是观测者，可不可以把自己看作观测主体？

· 什么是自我？谁是自我？

· 观测主体是什么？是谁？他们是孤立的吗？

· 怎样观察除了自我之外的你内在的东西？

· 如果是由观测主体创造现实，那么作为观测者的你会投入
  多少精力？在现阶段的观察当中你在创造什么现实？

· 你的一个想法会维持多久？

· 你不再观察的时候，现实持续存在吗？

· 到底观测主体是什么？

我的现实我创造

我过着自己喜欢的生活，我喜欢自己现在的生活。

——威利·迪克逊

对于人能"创造现实"这一观点，你现在一定已经有了自己的立场，人们都承认，在一定程度上，这一观点是正确的。问题在于你如何理解。是有关是否去冰淇淋店这样的问题，还是深刻些的问题，比如相信落在你头上的树叶是你的创造？

这条法则的应用面很广。它不仅应用于我们自身和我们的生活，而且对大的存在同样适用，比如城市、州、国家和地球。但首先要问的是，这条法则是怎样应用于你的生活的？

早餐吃什么，生活靠什么

也许你会认为，每天你都在通过无数方式创造着自己生活的方方面面。闹钟响完后你决定是否起床，决定穿什么衣服，决定早餐吃什么或不吃。无论在家、上班还是在高速公路上，我们都会与他人接触，而该如何对待每一个人则由你自己来决定。无论是每天的打算，还是干脆没有目标走一步算一步，都会影响到你的行为和经历。

把视野放大些可以看到，你的整个人生轨迹都取决于你的选择。你想结婚吗？想要孩子吗？想上大学吗？想学什么？想从事什么职业？会接受什么样的工作？你的生活并非恰巧就是这样的，它是由你每天做的选择和未做的选择决定的。

还有一个问题，你在多大限度内能决定自己的生活？你决定得了遇到梦中的女孩吗？你决定得了遇上一个蛮横的老板吗？你决定得了会中彩票吗（事实上大家都想要这种好事）？你到底在创造谁的生活？这个问题看似很难回答，但在"我创造我的现实"中，"我"到底是谁是一个大大的问号。

最近我认识到，我们把自己看作是人生的临时代表，从而否认我们对生活的参与，实际上是刻意用模糊的思想，以避免处理正让我们畏惧的某些现实。我想在我生活的大部分时间里，我一直这样欺骗着自己。我们总是想知道，说我们创造了或没创造某些现实的标准是什么。我的标准始终都是：我创造了美好和舒适的现实，却想推卸创造了不舒适的现实的责任。我的这个标准坚持了一定时间，但现实让我动摇了。如今我认为，我短暂地出现在或参与了我能看到的生活的方方面面。

——马克·文森特

如果能回答这个问题，那一团糟的"创造"的问题就会变得更加清晰。

我是谁

　　让我们回到大问题上来。印度圣人拉玛纳·玛哈希的教学就是围绕这个问题进行的。他认为对这一问题的研究会使人们直接受到启发。但这里让我们先不谈启发，把注意力集中于创造这件事上。

我们是制造现实的机器。我们时时刻刻都在创造现实。如果我们从较小的知识库里获取信息，创造的现实就小；如果这个知识库较大，那我们就能创造大的现实。
　　　　　　——乔·迪斯潘兹

　　弗雷德·艾伦·沃尔夫认为："首先要知道的是，在你创造自己的现实这一概念里，如果你认为这里的'你'指的是支配你的表现的'以自我为中心的你'的话那就错了。因为创造现实的很可能根本不是那个'你'。"但这又不禁让我们产生疑问："那这个人是谁呢？"显然，当然早上在你要第一杯咖啡的时候，那个要双份卡布奇诺的是那个"以自我为中心的你"或现实的你，而不是那个抽象的、不朽的自我。当大树倒在你崭新锃亮的车上时，现实中的你对此实在是无能为力。

　　更多时候，当一些人们绝对不可能创造出来的东西出现在他们的生活中时，他们就会否认"我创造现实"的观点。"我永远不可能创造出这个！"是的，他们，现实中的他们，永远不会。但如所有精神传统所主张的那样，"你"不止一个。

　　这种"精神分裂症"有很多名称：自我／真我、人性／神性、人之子／神之子、凡人／不朽灵魂。但从本质上看，这说明你在创造时是分不同层次的。启发的目的是抹去自我的碎片，从一个源头进行创造（这就是我认为"我是谁"这个问题有意义的原因）。也就是说，是扩大我们的意识范围，直到我

我们在驾驭的是全息空间，它很灵活，凡是你能想象到的它都能为你创造。只要你足够敏锐，你的目标就能实现，而且你也学到了怎样利用你的目标。

——哲学博士威廉·提勒

们意识到自己所有的创造为止。

接受"我创造了……"这个概念是实现意识扩展的一个极好的方式。因为如果这是真的，当你不承认参与了创造一部分现实的时候，你就是在否认或否定你自己的一部分。这样的话，碎片还会继续产生。实际上，按照已经受到启发的人的看法，你的精神方面的那一半之所以创造现实，只是为了变得完整。为了成长，你必须经历一些东西，但这些东西可能不是你的自我或现实的第一选择。

人们称之为因果报应：我们在过去、最近或很早以前的某个时间确实创造了我们今天在生活中面对的一切情况。但是，芸芸众生的因果报应是怎样互相作用的？他们是怎样相互结合在一起的？那些会预兆新时代到来的快乐（和不快乐）的"巧合"又是如何发生的？是谁在操作"电脑"，让这60亿人生活得井井有条？

它是如何工作的

宇宙就是这台"电脑"。它不具有二重性，也不需要运行。它与万物联系，并由万物创造。它不用给我们回应——它就是我们。

因果报应的双层关系模式认为：我打了鲍勃，所以会有人来打我。这是用典型的"原因→结果"模式（也称为牛顿模式）来看待这一现象。但从非双层、并不互相纠缠的模式来看就不一样了。这种观点认为行为和思想（其实是一个"东西"）都是从意识的一部分中产生的。这一过程有一定的频率和波动性。我通过动作认可了那一现实，就可以通过这个频率和波动性与整个宇宙联系在一起。外部那些频率相同的事物都会有所反应（这是所有发送／接受都遵循的法则。发送方和接受方必须调整到同样的频率），然后会反映在你的现实中。

根据这个观点，你生活中的一切——人、物、地点、时间、事情——都是生活波动性的反映。拉姆撒说："生活中一切事物的频率和'你是谁'这个问题都是对应的。"所以，如果想知道"我是谁"，只要看看周围就可以了。宇宙总能提供答案。

问题是我们本身一些隐藏的和被抑制的部分，同样也能被反映出来，而且因为我们不喜欢，所以对它们加以抑制。是这些反映使我们说出"我不会创造它的"这样的话。正是在不断地被反映中，我们最终把它弄明白了。这就是因果轮回，是并不快乐的循环。或者正如一名顶尖的哲学家曾说过的："生活就是三明治，每天你都咬一口。"

听语气好像深受其害。

同样，"如果生活是泼妇，那你就死定了"。

受害——医治现实的良药

视自己为受害者也许是对"我创造了我的现实"的最强烈的反对。这种事情总是在发生。受害者说："这种事竟发生在我身上，这不公平，谁都没有权利这样做。"必然的结果是："我好可怜。这个世界不公正。因果报应是暂时的，是多变的。"

这种看法的好处是：你得到支持，会自我感觉良好，因为那个"自我"不是你，并且可以把这一段经历一手抹去，自己不用再参与了。

这种看法的坏处是：你只是认为你没有创造现实（且认为自己没有权利创造现实），而且会一次

纯洁的人眼里一切都是纯洁的，而肮脏多疑的人的眼里一切都不是纯洁的，就连他们的思想和意识都被染污了。

——提图斯（莎士比亚戏剧《提图斯·安德洛尼克斯》第一幕）

67

又一次这样告诉自己，而且…… 它也是对现实的割裂。它把创造者和创造这个过程分离开了。

只要大概看一下这种态度在社会上的反映，我们就可以知道受害心理是多么的普遍。晚间新闻关注的大都是受害者。在美国，受害心理已占据了相当大的比重，如果某人出了什么事，他们做的第一件事，便是找律师起诉。

正如在《伊斯特兰》中唐璜对卡洛斯·卡斯塔尼达所说的："你一生都在抱怨，那是因为你从不为自己的决定负责…… 看看我，我从不怀疑或后悔，因为我做的一切都是我的选择，我的责任。"

大转变

正如受害的观点是对本章前提的最强烈的反对，"我来承担责任"则是对这一前提的最强烈的认同。这对任何人来说，都是接触世界的过程中以及生活经历中意义重大的转变。受害以及由此引发的无能为力在生活中已经见不到了。在任何情况下，人们总是会问："此时此刻我在哪儿？我是什么？我接收到的信息是什么？它又来自'自我'的哪个层面？"

这个转变也就是，你不再置身事外，对发生的事情表示赞同或反对，仅仅是让宇宙来证明是你在创造现实，而是把它作为一种假设，假设你的生活和生活中发生的事情都是由你创造的，于是你从这些事情中寻找意义。这里的意义不是哲学上的、无限大的意义，而是以下这些问题的意义，比如你是谁？你一生在创造什么，在否认什么？你是否希望生活中有些变化？你应当作出这种改变，并在许多

我们每天都在创造自己的现实，但我们发现很难接受这一点。把自己的生活方式归罪于别人，是最痛快的事情了；是他／她的错，是体系的错，是上帝的错、是父母的错……无论我们以何种方式观察周围的世界，这种方式都会回归，在我们自己身上产生作用。比如说，我的生活之所以缺乏欢声笑语和满足感，是因为我在生活中恰恰是对这些方面缺少关注。

——米希尔·莱德维特

的"我"面前静观其变。

创造每一天

你创造的现实就在面前。那些可能性在时间景观中被玷污，期待着"意识活动"把现实中的事情变成经历。但你有一些太主动了——景观活动家是不愿意坐在幕后，任宇宙的野草在你那里生长的。

在《大问题》一书中最受欢迎、最吸引人、最让读者期待的信息便是创造每一天的概念。这个概念最早是由拉姆撒在 1992 年教给学生的。它同样还是华盛顿耶牧镇学校的校训："值得尊敬的大师们都不会等着每一天的到来，而是自己创造每一天。"

一次普通教学引起轰动

下面是名叫《拉姆撒：创造每一天——让你思路开阔》的 DVD 中的节选：

"早晨醒来那一刻你有没有留意到，你根本不知道自己是谁。醒来之后你仍然还是不知道自己是谁。有没有注意到你在房间里环顾四周来寻找自己的位置时，你看到身边的人，在短暂的一瞬间你也不知道他们是谁？这更让人惊讶了。我想你得好好考虑一下这个问题。醒来之后起床之前的这段时间里，你会重新给自己定位，给自己一个当时不见得有的身份。从开始观察旁边的人那个时候起，这个身份才开始形成。然后起来，挠挠自己，去洗手间，边走边看看自己。为什么这样做呢？为什么要盯着自己看呢？因为你想要记住你是谁。这仍是一件神秘的事情。

照盘点菜还是照单点菜？

当我在研究"我创造我的现实"的众多含义时，其中最大的一个问题就是：我的现实是菜盘还是菜单？我是每次都要选择，或者是有着"一揽子交易"？这让我想到了耶稣和耶稣受难，是他创造了这些苦难和伤害吗？还是他本意是要给人们带来新的认识，而伤害只是这一过程中的一部分？
——威廉·阿恩茨

"如果你必须记住自己是谁，记住你接受的限度和怀疑的界限，如果你每天都必须经历那样的过程来记住自己是谁，如果这样的话，你的生活变得与众不同的可能性有多大呢？确实很小。但是如果是这样呢——在你试图想起自己是谁之前记起自己想变成谁。也许这个想变成谁的想法在你见到自己的伴侣、挠自己、摇摇晃晃的起床、吓着猫、在镜子里看到自己等这些动作之前就产生了。在你做所有那些事情之前，你想起了一件事情：'在我的神经网进行这一过程之前，我想要创造我的一天，这一天要惊心动魄，要进入我的神经网，要成为我人生经历中的一部分。'从而，你就创造了你的一天。那一刻你还不是你自己，在这最美妙的时刻你看到了非凡的东西，你可以期待和接受非正常的事情，你期待今天可以加薪。当你成为你自己的角色时，你加薪的期望就灰飞烟灭了。你我都清楚这一点。但在这种无法辨别自己身份的状态下，你是在创造。

从理论上看这一切很棒，但做起来就难了。我记得了自己创造我的每一天的头几次。在我知道我是谁之前，我做不到。我的全身都会发抖。我会害怕，必须要做一些事情把自己带回到"现实"中去。好像时间不够长，不足以让我忘记自己正常的身份，也就不能去制造新的东西。恐惧和惊慌占据了我，用了很长时间我才能做到。虽然也害怕，但可以继续探索未知。当我开始看到效果时，恐惧变成了期待。

——贝齐·可斯

"所以我告诉我的学生，要在起床想起自己是谁前，制造自己新的一天，你的生活习惯会因此而改变。你会变得与以前略微有些不同，你会盯着小便池看，你会照着镜子。你会变得有些与众不同，那是好事。"

这次精彩的教学强调了最终成了这一章的主题的"我"的概念。正在创造的那个"我"是谁呢？如果是真实的"我"的话，那么这些创造都来自于已存在的结构、习惯、倾向、神经网和旧的人格结构。创造出来的都是旧的东西。创造已存在的事物几乎不能称其为创造。

或者说创造来自于更高的自我，在这种情况下，创造往往是无意识的，而且是深深隐藏的因果报应的产物。所以虽然创造对于精神、对于毫无联系的真实的自我是很好的，但它们似乎很随意，不公平，而且给人一种没有权利和受害的感觉。

然而，这个过程利用了非我的时刻，一个新我的时刻。在这种情况下，新生事物可以从这种"我"中显示出来，而且是你有意识创造的事物。

我们每天都在用一种实实在在的方式来证明，是你创造了你的现实。

如果"你创造了现实"的说法是正确的，那我们对它的证明就是催化剂。

生活不是寻找自己，而是创造自己。
——乔治·萧伯纳

自信地朝着梦的方向迈步，过你所想象的生活。
——亨利·戴维·梭罗

思考一下

· 我们的创造和能力有什么局限性?

· 我们能改变物理定律吗?如果可以,那还能算是定律吗?什么是定律?

· 我们有责任去创造更好的现实吗?

· 创造力最具建设性的用途是什么?

· 我们如何知道个人目标和宇宙目标是怎样结合在一起的?

· 知道自己一直在有意识或是无意识地创造,这对你自己有什么影响?

· 真实的自我和更高层次的意识有何不同之处?

· 怎么能知道不同是什么?

· 什么时候我知道是自己在创造,又是什么时候知道正在创造的是我更高层次的意识?

· 真实的自我不好吗?

量子大脑

　　我听有人说过，意识是宇宙的奇妙性质，偏爱人类大脑。如果真是这样，那么意识大概有 3 磅重，看上去有些像灰色的花椰菜。

——安德鲁·纽伯格

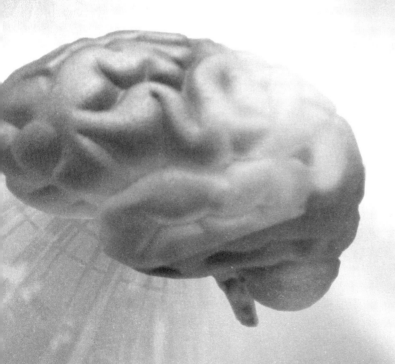

杰夫说："如今你可以给任何事物贴上量子的标签。几年前，我们还用的是'创意'这一标签，像创意离婚、创意烹饪。而现在就变成'量子'了，像量子离婚、量子烹饪、量子疗法等。"

贝齐问："那什么是量子烹饪啊？"（笑声）

杰夫答道："不知道，但听起来好像不错，是吧？"

意识与很多宗教崇拜和落后巫术有着很密切的关系。你认为科学能更好地解决意识这一棘手问题吗？
——拉姆撒

量子已经广泛应用在各个领域，这一点已不足为奇了。这是一种全新的方式，它将物质世界构建在量子的基础之上。它似乎为人们打开了通往诸多可能的大门，也解开了困扰人类千年的谜团。

意识、大脑与身体

意识仅仅是大脑的产物吗？是我们大脑里生物电活动的一种"附带现象"或是"突现特征"？难道这是当充足的神经元共同发生电冲，足以达到计算的复杂性的阶段时生成的某种物质？如果是这样，那大脑难道就只是一个生物计算机而已？那我们又跟机器有何区别呢？那会不会有种人工智能可以与人的智力相媲美，甚至超过人的智力？像那样的机器会不会有"意识"呢？它们可以学习吗？它们会有自由意愿吗？

或者说，难道意识是宇宙的一个基本要素，独立于人脑，并且不依靠人的躯体来感知事物吗？就像数千次有文献记载的体外感觉或是濒死经历？在这些情况下，如果人的躯体暂时停止运动，失去了功能（举个例子：就像操作台停止作业一样），人们的意识却依然保持清醒而且可以感知事物。

我们与石头的不同就在于，人类的行为，深深地植根于量子力学层面，来源于大脑内每个单细胞里的单个 DNA 分子。

——哲学博士约翰·贺格林

纵观历史，这些问题的答案可以归入以下 3 类：

· 唯物主义

物质是最基本的；意识是大脑活动的产物。意识并不能作为一种事物而独立存在；意识本身并没有现实意义，它只是我们生物体的一种产物，是神经中枢网与生物电相互作用的结果。

· 二元论

意识和物质共同存在。然而，它们各不相同（一个有形，可以感知，而另一个则是抽象的，不可捉摸），各自作用于互不相关的不同领域。17 世纪，笛卡儿将世界分成精神实体和物质实体，即精神和思维领域与物质和实物领域。包括矿物、植物、动物和人类在内的物质世界是在绝对的因果关系法则支配下的组织。具有自由发散性的纯粹的抽象思维与具有一定密度的固态物质之间不会产生相互作用；它们是两种完全不同的物质形态。

电在生物体内普遍存在。生物学家认为，组成生物体的每个细胞都是一台微型发电机。细胞膜内外带有相反的电荷，膜外带正电荷，膜内带负电荷，膜内外的钾、钠离子的不均匀分布是产生细胞生物电的基础。但是，生物电的电压很低、电流很弱，要用精密仪器才能测量到，因此生物电直到 1786 年才由意大利生物学家伽伐尼首先发现。

· 唯心主义

意识是最基本的存在。一切事物都是意识的表现。意识是活跃的，不断变化，而且不停地进行自我更新。从最"无形"的纯粹抽象意识，经过所有的微妙的比较物质化的水平（例如：量子波函数、粒子、光子、原子、分子、细胞等，再到最实体化的特质，意识自我表现为一个连续层级的统一体。在这一统一体中，所有事物都相互联系，具有相同的本质，只是在频率、振动水平或是密度上表现各异而已。

但是意识失去纯抽象性，变成思想、感觉和情感，以大脑的电流和化学活动形式出现。这其中的机理到底是什么呢？以下将向您介绍几种理论在这一方面的探索。

斯图尔特·汉莫洛夫的量子大脑的观点

"有生命的物质是怎样产生思想、感觉和情感的呢？"亚利桑那大学麻醉学和心理学教授、意识研究中心主任汉莫洛夫教授提出疑问，"我们的大脑是如何反映出'经历'的现象呢？比如像茉莉花的香气、玫瑰的红色或是爱的喜悦。"

尽管几百年以来哲学家和思想家一直在研究类似的问题，汉莫洛夫指出："当 20 世纪的行为主义者主导心理学领域，这段时期里意识的研究陷入了困境。为什么研究对象无法被测量呢？在科学圈里，意识变成一个肮脏的词汇，并且被操作性条件参数、巴甫洛夫反射以及其他可计量参数比下去了，变得黯然失色。"

人们对意识的兴趣复苏开始于 20 世纪 70 年代。不仅大批人，尤其是 60 年代出生的人积极探索通过冥想、各种形式的疗法、使人产生幻觉的药物造成的意识转换，计算机也使在人工智能（AI）领域开展深入研究以及迅速分析由大脑电图（EEG 和其他手段）获得的数据成为可能。

关于微观量子效应及其是否真正可以在我们的宏观世界里发生，一直有不停的争论。从这些思考衍生出了很多关于用量子来讨论诸如思维／物质的事物的问题，这些问题无疑需要进行审视和思考。但是我认为如果我们能在宏观世界里的某个地方发现量子效应的话，那就准是在我们建立的最复杂的身体结构——大脑之内。

——威廉·阿恩茨

在 20 世纪八九十年代无数优秀的科学家顺应潮流，印制书籍，发表理论，把大脑看成一台高级的电脑，就和汉莫洛夫曾提过的观点一样："意识与量子力学的秘密有关。"

这样，汉莫洛夫就与英国著名数学家和物理学家罗杰·彭罗斯爵士的著作有了关系了。

彭罗斯－汉莫洛夫的意识理论

彭罗斯提出，当神经元在大脑里的超位置达到一定限度后突然下降，意识就产生了。观察发现，这和波函数的塌缩很相似，使一大批可能性缩减到一个小范围的值点。不同之处就在于超位置因量子重力作用根据自身情况塌缩。在彭罗斯看来，他所称的"客观下降"是意识运行的方式所固有的。这些理论把前意识、无意识或下意识层次上的多种可能性转化为意识层面上的确定的想法或选择，比如考虑比萨、寿司和泰式炒面（均在超位置），然后选择一种（突降或骤减）。汉莫洛夫提出了可能允许这发生的机制，并和彭罗斯一起系统阐释了他们的观点。

这种意识突降或者发生的方式中最核心的是微管丝，是包括神经元在内的每个细胞内的中空吸管状结构。一度被看作细胞的脚手架或细胞骨架的微管丝被认为表现出了非凡的智能以及自我组织能力。它们作为细胞的神经和循环系统运送物质并控制细胞的形状和运行。它们与其"邻居"相互作用处理和交流信息，并把相邻的细胞组织

记忆真的在大脑里吗？

很多科学家在研究这个命题：记忆事实上并非储存于大脑之中。已经发现了这一点：如果你移走似乎与一部分记忆相关的大脑，记忆仍然存在！它储存在哪儿？可能是普朗克常量上的某个地方，或者有人称为"阿卡西记录"的地方。大脑可能仅仅发挥一个工具的作用，把记忆从宇宙之中提取出来。它可能是本地存储器，适用于存储记忆的宇宙硬盘驱动器的本地磁盘。

前意识指潜意识中可召回的部分，人们能够回忆起来的经验。它是潜意识和意识之间的中介环节。潜意识很难或根本不能进入意识，前意识则可能进入意识，所以从前意识到意识尽管有界限，但没有不可逾越的鸿沟。前意识处于意识和潜意识之间、担负着"稽查者"的任务，不准潜意识的本能和欲望侵入意识之中。但是，当前意识丧失警惕时，有时被压抑的本能或欲望也会通过伪装而迂回地渗入意识。

我开始研究这些微管丝以及它们可能如何处理信息，它们的结构似乎在告诉我它们是某种电脑，某种电脑技术。因为微管丝壁有着对称的六角形晶格结构，那看起来就像是为电脑操作而合理安排的。

——医学博士斯图尔特·汉莫洛夫

为一个统一和谐的整体。在神经元内微管丝还建立并调控神经键，并参与神经传递素的释放。正如汉莫洛夫博士所说："它们无处不在，几乎构成了所有物质。"

大脑神经元内的结构变化和微管丝间的信息处理交流对"上一层级"神经元到名为"神经网"的网状结构的组织过程有直接影响。但微管丝本身被自身结构深处的量子现象所影响：它们赖以组成的蛋白质对包含单电子的内部量子电脑发出的信号作出反应。汉莫洛夫博士解释说："蛋白质内部'口袋'中的量子化学力量控制蛋白质的构象形成。而这一形成又控制神经元、肌肉以及我们的行为动作。因此改变形状的蛋白质就是量子世界和我们对于人类通过所做的无论好坏的任何事情对正统世界所产生的影响之间的扩增点。"

接下来汉莫洛夫认为是这些微管丝以大约每秒40次的频率自发突降产生了"意识时刻"。我们的意识并不是连续的，而是一系列"啊——哈时刻"。他说："意识是穿越时空的棘齿，我们的意识是一系列现在时刻的集合：现在，现在，现在……"

意识发生在何处

构成我们内在主观经验的不可触摸的思维和意识领域同受电子控制的大脑的临界点是什么？

"我不是贝克莱主教或印度学派那样的理想主义者，"汉莫洛夫博士说，"在意识究竟是什么这个问题上。我也是'哥本哈根主义者'，他们认为意识引起突降，从许多可能中选择现实。我认为在两者之间。意识存在于量子世界和正统世界之间的边缘。我的想法更像量子佛教徒，认为有一个我们可以接触到并且影响我们的宇宙原始意志，但它实际上存在于宇宙的基础层次，在普朗克常数内。"

这里没有介绍过普朗克常量，但它是彭罗斯－汉莫洛夫理论的一个重要方面。普朗克常量（由量子物理学家马克斯·普朗克提出）是能被规定的最小距离。在 10 到 33 厘米之内，它为氢原子的上万亿分之一！据汉莫洛夫所言：

"宇宙的这个基础层次……是真理、伦理和美学价值观的巨大宝库，是意识经验的前导，准备着影响我们的每个意识观念和选择。我们通过这种全知的无所不在、感觉和主观的海洋与宇宙联系起来，与其他每个人产生关系。如果我们留意、不作用于自身或是草率行事，我们的选择就可以被神圣地引导。彭罗斯避免他意识中的任何精神暗示，但它们无可避免。我们大脑内的量子电脑把我们的意识与宇宙的基础层次联系起来。"

自由意志和中国盒

沙提诺瓦和斯图尔特·汉莫洛夫一样潜心研究量子力学。他写了一本书叫《量子大脑：探寻自由和人类的下一代》，他不愿意把量子一词安到烹饪艺术上。他提出了一个精确的数学论断，表明"神经系统的工作及其执行量子效应的特别方式——很明确独特的方式，毫不普遍、模糊或欠精确——无疑为自由意志打开了通往一种不违背现代科学原则的可能性之门"。 沙提诺瓦的理念与上述的层级结构直接相关。是量子层级的存在的不确定性、随意性以及可能性这一事实给我们

大脑是量子的吗？我不知道。但我找不到其他方法来解释我如何知道有些事情将要发生，或者某人在思考着我或者他们清楚我也在做同样的事情。这必定意味着我大脑里的一些东西正在连接到一个独立于时空之外的信息高速公路。对我来说这听起来似乎是量子的。

——马克·文森特

提供了自由意志的唯一可能。

在宏观意义上，大尺度层级的正统物理，从行星轨道到分子运动的所有事件都是由精确的数学法则决定的。那么，只需看量子层级的随意性能否在某种程度上在选择和自由意志成为可能的宏观层级也可行。

"在大脑层级，"沙提诺瓦说，"神经网络产生与大脑作为整体联系起来的球状智能。但当你去看单个的神经元时，会发现神经元的内部是相同原则的不同物质实现。并且事实上，随着你深入到下面的每个层级，就像圈圈相套的中国盒一样，每个层级上的独立处理元素都可以显示为由其中数不清的更小处理元素组成。"

从"最低"或最小尺度开始，蛋白质交叠的过程——斯图尔特·汉莫洛夫描述为在微管丝内发生的过程——"本质上服从于与神经网络处理信息时所符合的相同的数学性自我组织机能。因此蛋白质的交叠与想法的产生或者问题的解决有数学等同性。这实际上就是量子大脑概念的切入点。并不是说大脑这个整体是个量子整体，而是说由于神经系统的这种中国盒巢式排列，在最底层级上的量子效应不仅能够，并且必定是向上增强的……在整个大脑层级上的球状智能是通过一种很独特的神经元临近相互作用而产生的。"

根据这一理论，实际上大脑构造可以增强这些量子效应并将其向"上面"更大的处理元素层层推进，直至达到大脑层级。

简而言之，沙提诺瓦说："量子力学使得自由这一不可触摸的现象得以与人类本质相交织……量子的不确定性支持了人类大脑的整体运行。"这是

在决定论经典力学之中没有真正的随意性的位置，如果没有某种随意性的来源就没有选择……完美的行动自由的唯一已知来源居于事物的量子本质之内。

——医学博士杰弗里·沙提诺瓦

因为"在从大脑皮层往下到独个蛋白质的每一个层级",大脑"像一台并行处理计算机那样运转……，这些处理过程组成一个巢状层级，每个尺度上的并行处理器都恰是更大一级的其中一个处理元素。"

意图和量子芝诺效应

对思维或者物质的研究，至少是思维的那一边，以意图的角色为中心——这一行为在自由意志的允许下选择在外部世界里要被观察的效果。虽然有证据表示意图是关键，但这一关键如何发生作用还值得大家研究探讨。

理论物理学家亨利·斯塔普把冯·诺曼量子力学中的数学结构主义引入到了这一领域的研究中来。在冯·诺曼的理论中，观察分3个阶段（见"观察者"）。第一是提出问题，这是有趣的开始……

在斯塔普博士看来：

"量子理论力学原则的一个重要特点是：假设一个可以产生一系列'肯定'结果的过程—事件会导致一连串非常相近的过程—事件的迅速发生。也就是说，假设一系列非常相似的目的性行动得以实施，该系列里的事件非常迅速地连续发生。

"那么量子理论的力学原则规定这一系列结果有很大的可能性是'肯定的'：迅速连续的内部活动有很大可能性会使这一'肯定'状态得以保持。根据量子运动法则，由近似的内部活动表现的强烈意图使活动的模板保持在适当位置。

"过程—活动的速度由动力一方的'自由选择'来控制。如果我们在冯·诺曼规则里增加这一假设：这些相似的过程—活动的速度可以由精神力量提

什么是意识？它从何而来？意识的起源是什么？人类潜能的局限是什么？虽然科学界还没有达成一个共识，我相信我们现在已经处于可以实际解答这个问题的阶段了。

——哲学博士约翰·贺格林

升，那么我们就获得了一个由冯·诺曼描述的量子力学基本力学原则推出的严密数学结论：精神力量对我们大脑活动有潜在的强势效应！"

这一"原地保持"效应被称为"量子芝诺效应"。这一名称是物理学家 E.C.G. 苏达尔尚和 R. 米泽拉最早提出的。

这说的是我们如果一遍一遍地保持同一个意图，向宇宙一遍一遍地提出同一个问题，我们就会改变量子可能性，摒弃随意性。是不是当一亿个人对 O.J. 的审判持有罪／无罪的态度时这就会发生？

斯塔普博士认为这一现象可以表明"非实体"的思维如何控制实体性的大脑："量子力学中包含一个特殊机制，这一机制原则上允许精神力量控制不让自然的力学方面有强力产生，并允许精神意图影响大脑处理过程。"

芝诺效应是一个传统的悖论：如果追赶乌龟的兔子每次以它与乌龟间的距离的一半来接近乌龟，它就永远赶不上乌龟。

再谈"量子烹饪"

目前我们知道了大脑中的意识产生于微管丝内波活动的自发突降。由于向上逐级增强的量子效应的中国盒式排列，这一意识内部存在着自由意识的选择。在行使这一自由意识的基础上我们在大脑里保持一个已知的结果并把那个问题任意迅速地重复提出（看起来像"保持"一样连续，但实际上是一系列现在时刻）来使量子世界的可能性发生作用。

当然那名副其实是一锅量子观念的"杂烩"，都扔到一起来产生一小片"现实"。

或者，"量子烹饪"书中说：

·取几十亿根微管丝,让它们自我缩降为（客观）

缩版果酱。

·在量子不确定性的气泡从（大脑）锅底升起来的时候，从（可能性的）气泡串里截取一个气泡。

·把这个气泡放到意识的火焰上反复烘烤到成为固体（缩降的现实）。

·以理解来品尝。哦不，是以品尝来理解……

如果理想化地来看，你就会说人类似乎生来就适于把他们实体中可获得的自由最大化到模仿宇宙的自身创造的程度。

——医学博士杰弗里·沙提诺瓦

思考一下

· 现在你能否解释大问题的重要性了？
· 我们一直问那么多问题，你怎么看？
· 什么是量子芝诺效应？
· 什么是量子大脑？

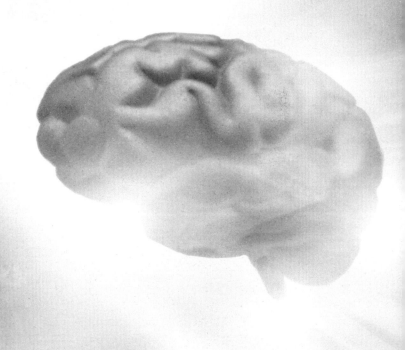

大　脑

　　大脑如同一座实验室。它是设计模型的设计师，并把各种模型联系起来。

——乔·迪斯潘兹

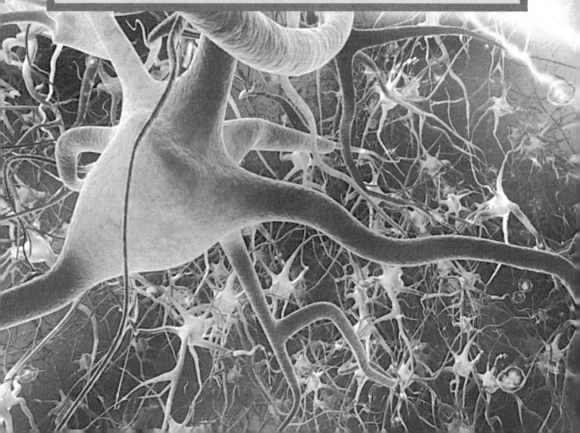

人类探索的脚步已经上至行星下至海底，人类也已经开发了各种令人惊奇的技术。但是，对于大脑，却还是知之甚少。为了解释诸如知觉、意识、记忆等基本概念，科学家们不得不把量子效用、复合理论以及全息模式引入他们自己的理论模式。

大脑是地球上结构最复杂的东西。即使是一个很小的大脑，其工作机理之复杂也让人难以置信。
——医学博士斯图尔特·汉莫洛夫

这并不奇怪。据估算，一个大脑内部可能存在的联系即多于整个宇宙的原子。即使是一个很小的大脑，其工作机理之复杂也让人难以置信。据估计，为了解决鸟儿在风中停落枝头的问题，最大的超级电脑也要花上数日来推测解法。这个问题从计算上看也许是不可解决的。但是，一直以来，鸟的大脑却能解决这个问题，而且是瞬时解决。

传统模式把大脑比做电话交换台或者超级电脑。这些类比让人觉得大脑像机器，但事实并非如此。大脑是一个生机勃勃、变化灵活的器官，它具有学习、理解功能，并能够根据我们的要求进行变化调整。

尽管科学还远未完全弄清大脑的功能，但我们已经知晓许多事情。我们知道大脑是地球上结构最复杂的东西，因此也是已知宇宙中结构最复杂的东西。它管控所有的身体机能，从心率、体温、消化、性功能到学习、记忆和情感。尽管关于大脑的工作原理我们知之不多，但是我们所知道的已经能够回答许多关于我们为什么要研究大脑的问题。

大脑研究专家安德鲁·纽伯格这么说：

"大脑具有数百万个不同的功能，人们真应该研究一下这些独特的功能以及人类意识的神奇之处。大脑不仅可以为我们做许多事，如帮助我们学习，而且多变，适应性强，能够帮助我们完善自我超越自我。"

大脑也许有办法把我们的生存水准提升到更高的层次。这样，我们就能更加深刻地理解这个世界以及我们与各种人事的关系，从而对自己还有世界产生更多的意义。

大脑有一部分是精神的，我们能够对这一部分进行研究。

下面是大脑结构及运作的简明介绍。大脑研究是一块非常有意思的探索领域。

这里讨论的都是一些基本概念，它们能够帮助我们弄懂大脑结构与世界及自我经验的互动关系。我们的大脑里面充满了关于我们如何紧密结合又如何相互区分的知识和看法。

每当我觉得需要改变自己的习惯时，我就坐下，然后到大脑里面去搜寻相关的神经网。找到它们，看着它们慢慢隐去，直至消失。

——贝齐·可斯

大脑的神奇之处

1．大脑比世界上最快的超级电脑还要快至少1000倍。

2．大脑里面的神经元几乎与银河系里的恒星一样多——大约有1000亿个。

3．大脑皮层里面有60万亿个神经突触。

4．沙子谷粒大小的大脑里面即有10万个神经元与 10 亿个神经突触。

5．大脑一直处于工作状态——它从不停歇。

6．大脑不断进行自我重组。

神经元与神经网

大脑由大约 1000 亿个微小的神经细胞即神经元构成。每个神经元含有 1000 到 1 万个神经突触，即不同神经元的联结点。神经元相互联结在其间形成不同的网。连在一起的神经细胞即构成我们所谓的神经网。简而言之，每个神经网代表一种看法、一段记忆、一项技能、一条信息等。

但是，神经网不是孤立存在的，而是相互联结的，正因为此，神经网才得以构建复杂的观点、记忆、情感。例如：代表"苹果"的神经网并非一个简单的神经网，它要大得多，而且与其他神经网相连，如代表"红色"、"水果"、"圆形"、"可口"等的神经网。代表"苹果"的神经网与其他神经网相连，因此当你看到苹果的时候，与其相连的视觉大脑皮层就会将其激活，从而在头脑中形成苹果的意象。

如果我们重复做同样的事情，学习将会变得十分简单、容易、自然，甚至成为一种下意识的活动。
——乔·迪斯潘兹

每个人都有其独特的经历与技能，这些经历与技能通过大脑神经网得到反映。像乔·迪斯潘兹博士所评："不论我们是在单亲家庭长大，还是与其他孩子一起成长；不论我们是否上过大学；不论我们的信仰文化如何；不论我们曾住在何地；也不论我们儿时是备受宠爱激励还是经常受到体罚——这一切都构成大脑神经网。"

乔·迪斯潘兹博士说："所有这一切经历塑造了我们的感知结构和世界观念。"当受到环境的刺激时，神经网的某些部分就会被激活，从而引起大脑发生化学变化，而这些化学变化又促生出我们对于生活中人与事的情感反应、感知及反应条件。

紧密相连共同起作用的神经

神经科学有一条基本的规律，即神经细胞紧密相连共同起作用。如果你进行了某项活动，神经元就会形成一个比较松散的神经网。如果你不重复此项活动，大脑就不会留下印记。

如若重复进行某项活动，相应的神经元会形成一个越来越紧密的神经网，而且激活此神经网也越来越容易。

如果你重复激活同样的神经网，相应的习惯就会在大脑中得到强化而难以改变。因为同一个联系如果被一而再再而三地使用，它就会变得更加紧密更加牢固，就像草丛中走多了就走出一条小径一样。这种现象即我们所谓的学习对我们很有好处，但它也让一个人很难改掉一个不良的习惯。

幸运的是，事物都是两面性的：不共同起作用的神经细胞就不再相互关联。它们就会失去长期以来的关系。每当我们打乱习惯的思维或者身体活动，相关的紧密相连的神经细胞或细胞组的关系就开始崩溃。乔·迪斯潘兹博士认为，大多数人都有过这种经历。在大学毕业之际，当与共同度过许多美好日子的室友分别时，你许诺会每月寄一次卡片，来维持相互间的友谊，要让同学了解自己过得怎么样。可是随着时间的流逝，你开始只在圣诞节时寄贺卡，友谊也开始弱化、淡化。

这种效应准确地反映了大脑内部的活动。随着你对室友的思念越来越少，神经网的联系也会减少，

雅利安传统思想以生命的最终统一以及人类的大脑——宇宙中一种奇特的器官历验这种统一的能力为前提。如果你仔细观察大脑的结构，你会发现它设计独特，好像就是为了历验生命的统一而设计的。

——哲学博士约翰·贺格林

直至完全消失。具体地说，在细胞之间起连接作用的树突分开，与其他细胞重新相连，从而旧的神经网终结，新的神经网形成。

学 习

大脑学习主要有两种方式。第一种是通过掌握和记忆信息。例如：学历史时要识记人名日期，读柏拉图时会总结其理想政府的理念。每个人名、日期、逻辑推理都储存在大脑神经网之中。对于某个材料，你看的遍数越多，记得就越牢——因为相应的神经网联系得也越紧密。

第二种更有效的学习方式是实践。你可以阅读自行车学习手册，了解上山下山时如何用力、如何保持平衡、链条应该多紧等信息，但是只有当你真正骑上自行车走一走时，你才能把这些信息综合起来。

无论哪种方式，学习其实就是把不同的神经网结合起来形成新的神经网。还以苹果为例，它不只是一个代表"苹果"的神经网，而是与代表"圆形"、"红色"等的神经网结合在一起的综合网。学习是在原有的知识结构的基础上构建新的知识结构。如果去观察一个婴儿的行为，你会发现，那些基本的概念都是通过实践得来的。

来自杰弗里·沙提诺瓦的"半个大脑"的故事

在 CAT 扫描仪刚投入使用的时候，贝勒医学院发生了一个轰动事件，为了学习 CAT 扫描，放射科一位医生对自己的头部进行了扫描，结果发现自己只有一半大脑。真是罕世奇闻，但确是事实。

我曾经记下过自己大约一个小时之内所有的想法。这些想法看起来并无关联，但结果却是一环扣一环，这让我震惊不已。嗯，我得给拜利打个电话——你知道，我喜欢他的饭店，那的大厨做的牛肉色拉尤其好吃——有一天晚上在那吃饭时，进来了一个辣味十足的女影星，还梳着拉斯塔法里式发缕——这又让我想起 15 年前在南非干活时用过的奇形怪状的手模——哦，那里的日落真美——还有我们在夕阳西下时追逐的白犀牛。这一切联想都源于想给拜利打个电话。直至此时，我才意识到为什么想了这么长时间，结果又如此曲折。
——马克·文森特

他只是个普通的医生。也许，律师界会借此嘲弄这些医生们，但事实是他根本不需要整个大脑。不过，这并不是说人们能够或者应该只用半个大脑，因为人类的机体功能遍布整个大脑，并且神经网也只有通过整个大脑才能发挥作用。

联想记忆

大脑内部的神经网比宇宙中的原子还要多，那么就出现了一个问题：大脑如何寻找记忆？就像是丛林霸王——老虎正在为你带路，突然半路杀出了醉汉武松，那么接下来，大脑怎样快速找到想要的记忆呢？只能靠情感来帮忙。

情感本身有一部分也是神经网，它与其他神经网相连，所以大脑能够首先找到最重要的记忆。它也确保一些重要的方面，不至于被快速遗忘，如：手不能放在炉子上。这也是为什么人们都记得当听到世贸大楼倒塌时，或听到肯尼迪被刺时，自己在哪以及在干些什么。

《情感》一章讲了联想记忆如何影响我们的行为和对世界的反应，但是，大脑有一项重要的功能需要说明。我们说情感一部分是神经网。剩余部分是与大脑下丘脑相连的情感神经网。下丘脑吸收蛋白质，然后合成神经肽或叫神经激素。我们都知道激素的作用——至少度过青春期的人都知道，它们为机体发出动作做准备。

如果有一只老虎十分饥饿，那么它的下丘脑就会分泌化学物质，为老虎奔跑做好准备。血液从大脑及身体中部流向四肢——战或逃。

事实上，在你还来不及思考的时候，情感就马

> 这是否意味着情感有好坏之分呢？不是。它的作用就是把机体分泌的一些化学物质强化为长期记忆。这就是它存在的理由。
> ——乔·迪斯潘兹

上对面临的形势进行了评估，然后就发出了战或逃、微笑或蹙眉的信号。

关于联想记忆还有一个方面，因为我们以过去的经历为基础来感知现在，应付新的事情，所以我们很难认清面临的现实。我们倾向于根据以往的经历来判断现在。结果我们就觉得过去的故事好像在重复发生。

重复的故事会发生在谁身上呢？谁会根据过去的经验来应对现在呢？是我们所谓的"个性"——一团紧密相连的神经网。神经网相互联系从而产生出我们认为的个性机体，就像身体细胞聚集关联然后生成有机体一样。所有的情感、记忆、观念和态度都由神经网表现出来并且互相联系，结果或是自我'或是人类之子'或是人，抑或是个性。

如果是人格分裂症，那就有多个神经团，并且一般说来，这些神经团互不相连。这就是为什么人格转换时，他对另外一个"我"毫无记忆，因为他现在起作用的神经团与这些记忆毫不相关。

由此不难看出，为什么僵硬的脑子生出不求变化的死板个性。虽然个性会发生极大的改变，但不会完全改变。还有上百万个神经网相同，因此总体来说，"你"还是"你"。这听上去很可怕，还好，大脑天生可以学习，即大脑具有可塑性。

额叶与自由选择

人类与其他物种的主要区别在于人类有硕大的额叶以及额叶在大脑中占有极大的分量。额叶位于大脑之中，其功能是使我们注意力集中。它对于决

大脑喜欢刺激。受到刺激之后，大脑的神经可塑性会急剧加强。这不难理解：假如你正穿过茂密的丛林，突然一只老虎跳到你的面前，你心里定会一惊。然后你的大脑不得不立即高速运转，寻找应对突发状况的方法。神经联系也马上激活，组构一切可能的解决方案，并帮你选择。你必须快速处理所有的信息，方能逃脱。笑也能增强神经可塑性，而且神经可塑性是学习的最主要的元素，所以大笑之后，学习效果更佳。

策及表达意图至关重要。我们利用额叶从环境及记忆库中汲取信息，对信息进行处理，做出与以前不同的决定或选择。

但是，许多时候我们根本不能自由选择。我们有很多行为其实是受到刺激之后有条件的、受所学知识影响的、自动的反应。乔·迪斯潘兹博士举例说明："假如你在漆黑的巷子里受到威胁，你的第一生理反应是恐惧，然后据此做出正常的选择，即你的机体会向你发出逃生或反抗的信号。"当其他神经网介入且造成自动反应时，也会发生类似的机体反应，如感到压抑时，我们会吸烟或者打开冰箱。这些习惯性的自动的反应很难说是"选择"。

第二种选择方式是我们有意识地把自己与环境、刺激及习惯或生理行为分开，而成为旁观者。这样，我们就能居高临下，像乔·迪斯潘兹博士所说，我们就可以"根据已掌握的知识，仔细地推理……额叶吸纳我们从过去的生活、经验和实实在在的知识资料中得到的信息。它说，我明白这个神经网，也懂得那个神经网，但是，我如果把两者合二为一，来建构新的模型、理想、设计，那又会如何呢？"

我们回到观察者的话题。沃尔夫博士如此说道：

"如果说观察者在这个世界上也拥有权利的话，也许有些不可思议。从某种意义上说，观察者并不拥有权利。从另外一种意义上说，观察者又拥有相当大的权利。我们之所以说观察者不拥有权利，那是因为我们认为观察只是在重复以前的内容，所以我们对其就习以为常，于是再也感觉不到它的存在了。这好像对某种东西上瘾似的，你失去了观察的能力。当你重获观察的能力时，你会看到你可以通过选择来变更、限制或改变你所看到的东西。"

一些理论家认为，大脑中所有信息都是由一些抽象的代码表征出来，它类似计算机的原理；另一些理论家则相信，对那些包含有抽象概念的词汇，特殊的表征是需要的，而对那些不同种类的物体、声音、气味等，也应使用不同种类的表征。

——医学博士斯图尔特·汉莫洛夫

当然，我们的意志是自由的。自由的意志存在于额叶之中。我们可以自我训练，以做出更多明智的选择。

——哲学博士甘蒂丝·珀特

在第一种情况下，是生物神经网做出选择。大脑对环境做出反应，大脑的某些部分启动自动中心从而引起身体做出反应。就如当有东西离眼睛很近时眼睛会眨，还有经典的"膝反射"现象，即当医生敲击你的膝盖时，膝盖会不由自主地反应。乔·迪斯潘兹博士说，第二种情况是"意识在大脑中流动，并利用大脑对选择和可能出现的情况进行核查。于是，现在不再是大脑自动驱使我们，而是我们开始驾驭大脑。人类的意识开始掌控自己的身体"。

思考一下

· 列举 3 个与快乐有关的概念或是神经网。
· 再列举 3 个与上面已经列举出来的相关的神经网。
· 想到苹果的时候，你有没有可能认为它不是圆的？
· 组建你关于铅笔的神经网，然后为你最喜欢的食物组建

神经网。你感觉到什么不同了吗？
· 让我们花 20 分钟时间想象与我们自身无关的一些图像。

你能想象出那些跟你没有任何联系的事物吗？

情　感

事物本没有好与坏，是人们的思考让它们有好与坏之分。

——威廉·莎士比亚

一起开派对吧，
大家一起来！

今天我们讲情感。已经有足够的专家在这种激发大脑的情感问题上作过思考。我们将不谈这些关于大脑的理论知识，而只讲情感的乐趣。快乐和悲伤、希望和灰心、激情和渴望、成功和失败，很多很多，这种情感上的斗争永无休止！

如果没有情感，还会有摇滚乐的存在吗？如果没有情感，你又会是什么样子？让我们想象一下如果没有情感，下列列举的事物会是什么样的？

- 盛大的庆典
- 娱乐场
- 战争
- 诗歌
- 维多利亚女王的秘密
- 高校足球比赛

换言之，我们能够不停地感受生活的各个方面，好的、坏的、丑陋的、精彩的、惊人的和丰富多彩的。如果没有情感，我们会微笑吗？也许不能！甚至你根本不关心！

情感——神秘主义的谬论还是生物化学中的一员

情感究竟是什么东西？是那些不可定义的人的经历中某种神秘特征吗？还是另一些更为具体和实在的东西？

尝试了解自我和反思自我的那些被反馈的情感，是我和威廉、马克在一起工作的最为重要的一部分。无论什么时候，当我为威廉或马克的某些态度和行为恼火时，我都很惊讶地意识到他们的态度只不过是对我的态度的反馈而已。当遇到我对他吼：我已经告诉过你了的情况时，威廉就总是打哈哈敷衍过去。我发现我也会这样做。我发现我不能够准确地描述我的情感状态，瞧瞧我，这种感觉现在又在我身上表现出来了。

——贝齐·可斯

在 20 世纪 70 年代早期，甘蒂丝·珀特博士从马背上摔伤。在治疗的过程中，她不停地被注入吗啡。作为一个科学家，她开始思考这些吗啡究竟是怎么在她身上起到镇痛作用的。因此当机会来到面前让她去研究为什么吗啡能起作用时，她很快投入其中。

从理论上，已经有人预测到细胞外侧有一层由化学物质构成的感应器附着。根据这个理论，是这种药品的化学结构成分适合这层感应器的存在。但是在那之前还没有人能够发现真的存在着的感应器。珀特博士后来发现了在鸦片这种物质的细胞表面上附着以线型排列的感应器的存在。这一发现改变了生物学的面貌。

情感是这样一种化学物质，它在神经这个层面上强化某种体验。我们会记住那些更为突出和更有感情的事物。这也正是我们应该有的感受事物的方式！

——乔·迪斯潘兹

当确信已经发现这些感应器的存在后，我们开始思考：如果不是还有什么其他的目的，上帝为什么安排大脑中存在这些感应器呢？在这个想法产生后，很快全世界就有很多人猜测：在人类的大脑中的确很自然地存在着这样的一种物质。是的，大约在发现鸦片这种物质细胞上的感应器 3 年后，在苏格兰，"内啡肽"这个词出现了，人们发现正是这种物质构成了大脑里的神经肽。

听说过内啡肽吗？它们是我们体内合成的鸦片。深入的研究又发现缩氨酸在大脑里四处存在着。珀特博士说："在美国卫生研究所我自己的实验室里，我开始试图描绘那些已经被人在生态系统中发现的肽。我肯定，无论何时我们去寻找这些感应器，我们总是能找到它们……我们已经对感应器作了一些详细的描绘，并且能确定除了鸦片细胞上的感应器，大脑中还存在着其他的细胞上的感应器，而这些感应器也被认为可以传导情感。"

继这个发现后，科学家开始从一种全新的角度去思考感应器和肽。正如珀特博士所说："我们开始认为神经肽和情感感应器是情感分子。"

显而易见，我们在对所有事物的感知的过程中都产生一种特殊物质或者是一系列物质，这些物质与我们对各种事物的感受相对应。这些特殊物质或者神经肽，也可称为情感分子都是一系列氨基酸，它们由蛋白质组成，并且产生于视丘下部。珀特博士解释说："视丘下部就像一个小型的加工厂，这些因为我们对事物的感受而产生的特殊物质就是在这里被加工的。"这句话表明每一种不同的感受都有一种特殊的化学物质与之相对应。正是由于我们体内细胞对这些化学物质的吸收才产生了我们对各种事物的感受。

我想我们真是对愉快上了瘾，大脑就是用来记录和寻求愉快的。我们的最终目的就是要发现愉快，躲避痛苦。这就是人类进化的支配力量。

——甘蒂丝·珀特

愉快／痛苦

研究者发现，情感分子不但与情感紧密相连，研究者甚至在单细胞生物中也发现了情感分子。珀特博士发现，情感分子被证明是，我们与最简单的单细胞生物所共享的一种物质。也就是说，情感在进化的过程中被保留了下来。内啡肽也存在于酵母菌和四水化合物这样简单的单细胞生物体中，这样一来，就意味着我们命中注定要持续不断地享受快乐。我想我们真是对愉快上了瘾，大脑就是用来记录和寻求快乐的。我们的最终目的就是要发现愉快，躲避痛苦。这就是人类进化的支配力量。

情感分子与我们的感官和经历之间的联系是非常直接的。举个例子来说，在大脑内部，控制眼睛高速运动和决定聚焦于哪一目标的那一部分所处的位置就位于睡眠感受器附近。从进化的角度来看，这很能说明问题。我们会关注于一些重要的东西。什么东西重要，什么东西对我们最有意义，将由情感分子以化学的方式迅速传达给我们的身体。

时间一长，这种简单的愉快／痛苦反应链就会受其他一些观点、态度和记忆的影响变得模糊起来。即便是从变形虫觅食这样简单的活动到制作法国花边这种高度精密的过程经历了一个长期的进化过程，情感仍然以一种引人注目的方式被快速引入体内，以解决众所周知的"虎在丛林"的问题。这个问题最终得到了迅速解决。

下面的"思维试验"将深入探寻记忆、情感、回答之间相互关联的运作方式，并详述其内部的运行情况。

机器人

试想一下，你是一个小型的生物体，寄居在生物机器人里。你就在机器人头部的一个小控制室里面活动，通过机器人的眼睛来观察外部的情况。利用复杂的操纵杆、电钮和计算机，为机器人提供重要信息。

你的工作就是，对机器人所看到的东西加以辨别，并对其进行解释，以便使机器人了解下一步应该如何行动。需要注意的是所要解释的外部事物的意义与外部移动的具体事物并无关联，它是一个抽象化的东西，是来自于思维意识领域的事物，而这是机器人所不能解释和计算的。这就是你要从事这个工作的原因。

幸运的是，在你的小控制座椅后面有一排巨大的文件柜。这些柜子依据机器人所看到的外部情况

所以，在现实中，我们不能说我们能像事物在现实中存在的方式那样客观地看待世界，对事物纯粹的客观评价并不存在，因为我们对任何事物的评价都是基于我们以往的经历和我们的情感，每一样东西都会有情感意义包含在里头。

——医学博士丹尼尔·蒙蒂

来开启和关闭。这样，你可以透过机器人眼睛内的窗户看出去。突然间，整套文件柜"嘭"的一下全部打开，其中所有的文件夹都闪闪发亮。没错，这样东西看起来就像一个具有人类特点的两足动物，然后你透过机器人的眼睛重新审视，发现那轮廓竟有些动人的曲线，哈，那是一个女人。你回过头来去看那文件柜，那些与男性相关的文件夹都关闭了。太棒了，选择范围进一步缩小。

然后，你更进一步观察这个女人的所属类型。她表情有些奇怪。在你身后，除一个文件柜之外，其他的柜子都闭合了，仅有的一个文件夹在闪闪发亮，你伸手进去将其拿了出来。上面明明白白地写着：罗西姨妈。你将其打开并查阅了这个人的历史资料，记录显示她是一个满口脏话并且狠心暴力的人。

你转向计算机屏幕，"意思"一词直映眼帘，在其下面，一个指针闪闪发亮。机器人僵在那里了。你键入"防卫，前有敌人"几个字。紧接着，机器人开始颤抖，你从窗子往外望去，发现外面的那个人不是罗西姨妈。此人的表情和文件夹中记录的罗西姨妈的表情有点相似，你飞似的回到计算机那里键入下面几个字："错误意思，意义未知。"但是太迟了，化学物质已经铺天盖地地释放开来，控制室变得灼热难当。机器人两腿热血奔涌，异常激动。现在机器人通体颤抖，这无疑是相互抵触的意义和大量的化学物质所致。你叹息一声系上安全带，做出了一个别无选择的决定：一会儿带机器人出去遛圈。

听着熟悉吗？首先要确认刺激物，其次将一个意义或解释应用其上，再次指引下丘脑向血管和支

如果我们持续不断地重新经历同样的情感，而且不在此基础上有所创建的话，我们就会陷于同一种刺激反应形式中。

——乔·迪斯潘萨

壁释放神经肽。感觉由此而生。真是一个美轮美奂的体系。这样一来，情感益处颇多，不是吗？绝对是，情感至关重要。

真棒，那面临的问题是什么呢？

正如迪斯潘兹医生所解释的："我们对每种情况都进行了分析以决定其是否熟知，熟知的感觉就变成了我们对未来事件进行预测的方式。　我们很自然地将那些没有感觉的物体淘汰掉，因为我们不能由此联系到感觉。"

情感面对的问题是什么

看起来对我们产生吸引的正是刺激物和反应之间捷径的魅力。我们倾向于将一种全新的经历假设为过去曾经发生过，而不是用一个全新的观点来评判它。

当同样的化学反应重复多次，结果就变成一个积聚起来的情感历史。这种历史使我们可以对各种形式加以辨别，对各种反应进行预测，而且这些形式和反应都嵌入到了我们的大脑中。这意味着我们想都不想就可以重复这些形式和反应：刺激——响应——刺激——响应——刺激——响应。生存捷径体系变成了一个重复同一件事的陷阱。

另外，"得到你"是一个隐藏的并且受到压抑的情感。罗西姨妈不一定总是卑鄙无耻，那天她对你破口大骂之时正值她牙痛难忍，即便你不知道，神经细胞仍然在那里并且发挥了作用。

或者忘掉现在是 21 世纪，老板走进来丢下你写的报告，说："这报告不怎么样。"你惊慌失措，思绪不断：老板不高兴——丢掉生计——家庭无人保护——野蛮人入侵村庄——去杀老板。然而，像

我最近正在做一些练习，其中之一就是研究感情的移入和移出，也就是说，如果在我对某种东西做出反应以及在体内化学物质释放之前，我能够掌控自己的话，我所做的就是事先决定了的事。我不怎么认真地移入一种情感中，然后自己又像一个旁观者一样移出。我进行了很多次，以练习在这两种状态下移入移出的能力。这种练习使我明白其实我自己是有选择权的，向后退一步就像一个平静的观察者，移入就像是进入睡眠然后做了一个自己无法掌控的梦。

——马克·文森特

你这样胆小的人会去追杀老板的确值得怀疑，但是，你的身体实际上以一种固有的方式开始了反应，化学物质已经开始大行其道。

好消息

情感助你生存，它可以使你灵光一现，在你还不清楚拼图游戏的单个图形时就完整地拼好图。你有一具躯体这的确是一个好消息。漫步人生情感相伴的话，你会有关于存在、感觉、爱情、仇恨、生活的真实经历，没有情感，生活就会十分乏味。情感就像是汤中的佐料，日落时的色彩。

它们不仅仅为生存提供必需，它们也为持续不断的进化作出贡献。一个充满热情的人会突破命运的束缚，克服来自身体的反馈，战胜环境，征服他们的情感倾向。试想一下，作为一个人，你想要得到进化，清除你所知道的关于你的一条限制，有意识地去改变你的倾向，你会成功的。

也就是说，这些情感可能会引出其他的东西，而不是凶残的本性。可能指向珍珠，或者它们直接就是牡蛎中用以形成珍珠的沙粒，牡蛎一而再再而三地覆盖收集这些刺激物，直到智慧珍珠形成。就是刺激物和疼痛促成了我们的改变，这样说是有道理的。高兴愉快的情感不是刺激物，是其他一些东西，它们或者备受压抑，或者遭受不幸，或者转变为智慧——这是对生活和我们自身的更深入的了解。

生活中没有情感就像晚饭仅喝白开水一样，一次次重复同一种情感就像是晚饭只吃白米饭一样。整个进化过程将我们的生命和情感紧密相连——它

一天我正和贝齐打电话聊天，当时说到一些起劲有趣的话题。我抱怨那些好惹事的人老说我叫他们做的事都不理智，我以后绝不会成功。我大发感慨地说，人们为何总是告诉我不能做这做那，这些都是我上初中后反复发生过的。我回忆过去，将所有的"你不能"都罗列下来，这时我突然停了下来，有人说过"重复的情感"吗？我认识到数十年以来我一直在创建这样的情形。为什么呢？因此那时我就有一种"我告诉你，我比你聪明，拍我的马屁吧"这样的情感。我把它当成一种激发因素，这样一来我就能比某些人强，在此之下就是一种不安全感，我不过是在传达自己的疑惑。不是那些戏剧和低水平的动机，我们可以创造。这对我才真正明白掌控一种情感的意义。
——威廉·阿恩茨

们是不可分离的。所以真正的问题是：我们怎样使用它们？我们要把它们进化成什么？我们要变成什么？

激情、圣洁的爱、与任何事物融为一体、幸福、神秘的经历等都是情感。它们产生一种神经肽，能够遍布全身并且改变意识本身。一个重要的发现是，一个人与其肉身并无关联，也就是说，权利、性和生存可以在很大程度上重组大脑，这样一来，人们就与从前不一样了，这个世界绝不会一成不变。安德鲁·纽伯格说：

"我们所从事研究的一个项目就是试图揭示人们在经历神秘时间的时候，大脑里面是不平静的。

"这倒不一定是错觉或者幻觉，但是在神经学意义上来讲所发生的是真实的，它影响我们，影响我们的身体，影响我们的思维以及我们最终如何做出反应，如何最终将信息带入我们的生活，从而影响我们的行为，改变我们自身。显然，对于作为人类的我们来讲，这一点意义重大。"

像这样的认识被拉姆撒描述为一种抽象的思维："你是一个正在生成阶段的神，但是某一天，你对抽象的热爱将会甚于你上瘾的状态，如果你先爱它，事实就会十分清楚，你的身体就会经历它，这样一来我们就会有一种前所未知的全新的情感。"

我们所有的情感在过去的某个时间都是全新的。我们反复经历它们的原因是因为它们是如此美妙、如此迷人且具有启迪意义。

思考一下

· 你最常有的情感是什么?
· 每次经历情感的时候，这些情感会变化吗?
· 每次经历情感的时候，你会变化吗?
· 对你来说，新的情感会是什么?

成　瘾

凹槽和坟墓的唯一区别在于各自的深度。

——查尔斯·加菲尔德

成瘾是一种抑制作用。你知道这是什么意思吗？它的意思是说成瘾会抑制你的思想，使其无法前进。

——拉姆撒

随着社会的发展和时代的进步，人类自身的危机——每个人都有的、具有生物特性和普遍意义的成瘾性危机，将越来越严重。这不仅是因为成瘾的形式和成瘾物越来越多，对人类的生存构成越来越大的威胁，而且由于人类在社会发展进程中，总是扮演着征服者的角色，唯独对自身的认识和研究严重滞后。

——医学博士安德鲁·B.纽伯格

我们用最能使人上瘾的毒品——海洛因来做个实验，以此来探究成瘾是怎样在身体的细胞中产生的。当人被注射海洛因后，它就会和细胞的催眠神经末梢沉积在一起，而这些神经末梢从生物学的角度来看正是被设计用来接收由丘脑下部所产生的一种神经肽——内啡肽的。那些细胞并没有接收内啡肽，取而代之的就是海洛因，因此这些细胞就会对海洛因成瘾。

现在我们用情感来做相同的尝试。不同的情感可以产生不同的肽，或者是情感分子，它们就沉积在细胞的神经末梢上。不断地使用海洛因和不断地使用同一种情感所产生的效果是一样的：你身体的催眠神经末梢就会开始期待或者说开始渴求那种特定的肽。这时你的身体就开始对这种情感上瘾了。

是不是很吃惊呢？你可能会觉得自己能够对这种物质产生免疫。受到酒精的支配，那些成瘾者在诊所前排成长队，长期吸烟者被熏黄了手指熏黑了肺。你可能会想："这不是我。"再仔细想想吧，是的，这就是你！

真让人吃惊。但是这些恰恰就说明了问题。下面这些名词听来是不是很熟悉呢？

· 破坏性的精神状态

· 同样状态的不断重复

· 无力改变

· 在创造新事物时感到无助

· 深深的渴望某种情感回应

· 头脑中一直有一个声音在呼喊："我要！给我，给我！"

· 决心不再做某件事，结果 3 小时之后食言

如果你总是经历上面所列举的情形的话，震动疗法可以帮助你治疗。这一方法对所有通过静脉注射神经肽的人都适用，并且非常有效。

人类：一种具有自我意识的生物

通过研究，珀特博士发现，我们有一种神经末梢专门接收大麻所传递的信息。我们为什么会有这样的神经末梢呢？因为我们的身体内部确实能产生出和大麻一样能给予我们快感的化学物质。这样的情况可能发生在任何一种可以使人身体上瘾的毒品上。在人体内部有一种化学成分与所有的毒品相类似，并且有一个神经末梢可以使它沉积。她解释道："我们有接收大麻信息的神经末梢，我们身体内部也有'天然大麻'，其学名为内生性大麻素。每当人们吸食大麻的时候，这些外部摄入的大麻就和内部产生的同类物质一起作用于神经末梢，并形成内部调节规律。通过这样的方式，身体摄入的毒品进入身体的内部系统，成为身体内部生理自动调节的一部分。它们是情感分子。现在有足够的数据来说明：除非正常的成为身体内部的体液进入神经末梢，否则没有任何一种使人精神愉悦的毒品可以

海洛因吸食者有感知海洛因的神经末梢，他们吸食海洛因的量不断增多，他们体内产生内啡肽，也就是身体内部所产生的和海洛因同类型物质的能力就开始衰退。人一旦成瘾，便会沉溺于先前的状态中无法自拔。他们脑中不断重复着同样的想法，他们没有能力来思考新的事物。

——哲学博士甘蒂丝·珀特

产生效力。"

换句话说，任何从外部摄入的毒品之所以能在我们的身体里作用，是因为我们身体内部本身就含有与其相类似的物质。这就是我们身体可以辨认它们、对它们做出反应、并对其成瘾的原因。所以说，外部摄入的毒品通过身体内部的神经末梢变成内部的化学成分。

在《大脑》一章里，我们探讨了情感和情感经历的记忆是怎样被转化成神经网，而这些神经网又是怎样与下丘脑进行联系的，这就是我们怎样变成自我吸食的生物的原因。所有我们需要做的只是触动正确的神经，化学物质便开始在身体内部流动。就像拉姆撒所说：

"成瘾是一种化学冲动的感知，它通过身体的各个部分，通过所有腺和无管腺的配合向全身扩散。这种感觉有些人也把它称之为性幻想。单纯的性幻想就可以使男人勃起。换句话说，对于一个男人来讲，只要他的大脑一想到他的性伴侣，他就能马上勃起。

"这就是解释怎样集中于一个想法而产生出与之相对应的神经肽的最直接例证。当然还有其他的例子：回想起高中时你打橄榄球触地得分的光辉时刻，第一次意识到自己恋爱，或是取得成功，就像梦想自己有一天被媒体评价为才华横溢的艺术家，或是取得了极大成功的时刻。在这些情况下，大脑的前叶控制着这些特殊的想法，同时刺激专门的神经为我们内部的化学成分产生器官发出信号。"

是不是说只要一个人引发了这样一系列的情况的发生，那么他就一定是一个成瘾的人呢？是不是你喝酒就一定是酒鬼呢？当然不是。如果你一年回

成瘾？我没有对任何事情上瘾。嗯，好吧。我只是对非常少的事情上瘾。是什么事呢？没有安全感、精神压力、焦虑、坚持己见、自以为是、控制、愤怒、固执、专断、恐惧……我是不是已经说到精神压力了？

——马克·文森特

想起一次你在 1972 年的秋天打橄榄球触地得分的光辉时刻，说明你并没有成瘾。如果你每天都期盼这样的光辉时刻的到来，想象一下结果？你就已经成瘾了。

生物学影响

众所周知，成瘾会对身体产生长久而严重的影响。利用所发现的神经末梢对肽的感知机理，那么对于成瘾所造成影响的生物学依据就非常明显了，正如珀特博士所解释的那样：

"如果某一部分的神经末梢长时间受到高强度的成瘾药物或是同类的体液的刺激，它就会逐渐萎缩，逐渐变少，能力也越来越弱，对于外界的刺激会变得越发迟钝。因此等量的成瘾药物或是体液对神经末梢所带来的反应会越来越小。"如果用人们最为熟悉的例子来解释此原理的话，耐受力是最为恰当的了。我们都知道一个对鸦片成瘾的人每一次必须吸食更大的剂量才能得到和上次相同的快感。

耐受力的影响在情感方面也能得到体现。一个寻求刺激的人会不断地将自己的勇气发挥到极致，他们甚至可以从飞机上跃下以得到肾上腺素的刺激；政客们想要不断地爬上高位，为的不是单纯的工作的愿望，而是期望得到更大的权力。如果你开始在相熟的人中寻找这样的情形，或者特别关注一下自己的生活，你会发现这样的例子随处可见。

在人们得到快感的同时，身体里脆弱的细胞就遭殃了。持续使用过量的化学药品来产生某种情感，比如愤怒，会导致敏感度下降的神经末梢接受所有

任何人都会对一些事物上瘾。我并不关心他们到底是谁。他们对那些事物上瘾是因为他们找不到其他更好的事物来代替它们，而且这可以让他们每天早晨起床之后找到生活的目标。一个对权力着迷的人每天早起，掌控一切，以此来显示自己所拥有的权力。他必须要掌控很多人，压迫很多人，向周围的人发号施令，以此来体现自我价值。因为他并没有体会到任何价值，他需要能感知价值的情感。

——拉姆撒

当我们的一些情感未能得到满足的时候，一些声音就会出现。细胞会向大脑发出神经脉冲，使大脑知道它们很"饥饿"，需要它们赖以生存的化学元素。而这些化学成分就是十分强有力的信息载体。

——乔·迪斯潘兹

的这种神经肽。这些细胞将再也不能得到平衡的信息摄入。不论它们接收到怎样的情感信息，它们对于愤怒的迷恋超过了所有的情感，从而变得只能接受愤怒这一种情感。个体产生的愤怒越多，细胞就感到越满足。这就是一个人为什么周五晚上要"找人打一架"的真正原因。并没有什么特别的原因让他愤怒，他只是为了要满足他那些畸形的"细胞朋友"，当这些"家伙"有任何需求的时候，它们甚至可以发出声音。有没有听到过这样的声音在脑中回荡："我很饿"，或者"我很渴"？

想知道是谁在说话吗？按照拉姆撒的说法，这些头脑中的声音就是细胞有选择地发出的声音。它们告诉你："喂我吃的。"也许这样的情感会让你觉得从社会伦理道德的角度出发是错误的，你不会听到诸如"让我们去愚弄别人以此来表现我们的智力比他们出众"这样的声音。可是你确实会有一种模糊的愿望驱使你不自觉地去做这样的事。换句话说，你会创造这样的机会。

情感成瘾可以解释很多现象——为什么有些人总是抨击别人，或者和别人卷入互相谩骂的境地，或者深陷某种糟糕的生活状况不能自拔。换句话说，情感成瘾使人持续制造一种特定的生活现实状况，尽管人们会说："我下决心不再这样。"唯一可以把这些反复出现的行为摆脱掉的方法就是承认："我确实总是重复着同样的生活，我一定是对它上瘾了。"

对于很多人来说，很多生活的经历都是建立在情感或是成瘾的基础之上的。把生活中一些"不愉快的事"作为例子，我们把它看作"受害者心态"。如果不好的事情发生了，你把它告诉其他人，他们会很同情你（他们也会和你一样感到痛苦），所以他们会帮助你解决问题。你自己会觉得如释重负，"这样也错啊，"你可能会这样想，"不知道这样的事自己能不能再尝试一次。"

忽然间人们会很关心你，他们会在物质上向你提供帮助，感情上进行支持，同情你，在任何你需要的时候出现。当然，负面的影响也是有的：在受害者和救助者之间有一种内在的微妙关系。每一个向他人提供帮助的人都需要觉得自己和受害者一样是特别的，因此他们才能在最初的"冲动"逐渐消退的情况下继续坚持。如果双方都没有做出任何改变，那么你们都会发现自己已经对别人依赖成瘾。用一句真正的受害人的话来说："不公平的境遇只是碰巧发生在我身上。"听起来和"我还是一如既往地不走运，这样的情形可以让我从别人那里得到同情和支持"是完全不一样的。

乔·迪斯潘兹博士说："我对成瘾的定义非常简单，就是一种让你无法停止的事物。如果你在某一事物面前不能控制你的情感状态的话，"他说道，"那么你一定是对它成瘾了。"

情感成瘾者互戒协会

有的时候这是一幅非常糟糕的景象：两个对同一事物成瘾的人聚在一起，甚至相互交流。事实上，情况并没有看上去那么糟糕，我们每个人都会做同样的事情。因为我们对某种情感的产生具有具体的频度，因此倾向于把志趣相投的人带入自己的圈子。按照拉姆撒的说法："我们真正所爱的人是那些愿意与我们分享情感需求和感情的人。"迪斯潘兹博

70% ～ 80% 的犯罪都与成瘾和毒品有关。不光站在个人的角度，而是站在整个社会的高度思考一下，如果这样的现状能够改变会是怎样的局面。

士对于这一问题是这样解释的："我们使用化学药品使得身体成瘾的那部分情感和其他正常一致的情感决裂。这对于人来说是一种非常不好的状态。因为在自己的生活里，你总是要寻找一些证据来证明自己做的事是对的。可是不论你在哪里接触别人，所用的都已经是你因成瘾而扭曲的情感了。"

然而，同样让人感到糟糕的是要想戒掉因成瘾而养成的习惯很难，这恰恰就是成瘾的原因。使得任何情感成瘾是通过持续不断的重复最初的经历实现的。重复第一次的性经历，同情他人或是得到的权力并不足以称之为上瘾。只有每次不断地追求更高的精神体验才是真正的上瘾。拉姆撒说道：

"当今对于性、海洛因，或是大麻上瘾的人到底是怎么回事呢？在他们的大脑中存在着不同的化学成分。他们会努力触动大脑中能够带来欢愉的中心地带。大脑本来并没有打算这样。因此人们用同样的化学药品、同样的感情在大脑中重新产生这些经历。"

可是大脑真正想要做什么呢？创造新的梦想、新的现实，带领人们前进，去真正体会那第一次不可思议的情感瞬间——一个全新的情感瞬间。

听起来很棒吧！新的情感，新的快乐。所以，改掉自己的那些恶习就真的那么难吗？

迷恋一种感觉

通过研究我们知道丘脑下部产生神经肽，而这些神经肽是作用力很强的化学成分。比如：科学家们用动物来做试验，他们将动物大脑的部分区域接通电极，使其能产生特定的神经肽，然后让这些动

> 你无法治愈一个成瘾的人，除非你能满足他的一切要求，直到他不再要求任何事。这时我们就得到了这样的经验：将这样确切的新的信息收入脑中，我们也变得更加睿智了。这样的信息就是知识。我们运用所有的知识不断构建新的立体化思维视图，创造新的现实，就像建造大楼一样。
>
> ——拉姆撒

物释放这些化学成分，使得神经肽也得到释放。

动物会选择释放更多的神经肽，不光是饥渴、性欲望，或是困倦感。事实上，在它完全能够自我控制的时候，它会不断地释放神经肽直到最后达到精神崩溃、难以自制的程度。这就是压力作用于我们身体的真正原因。我们已经难以摆脱生活中的压力，以至于我们不能放弃工作，尽管它根本就不适合我们；我们不能舍弃一些社会关系，尽管它们对我们并无任何意义。我们不能做出新的选择，因为外部事物对我们的刺激和回应所产生的化学成分抑制了我们的选择。我们和狗拥有相类似的脑前叶，因此在大脑是否能做出新的选择这一问题上我们都一样，缺乏这方面的能力。

——乔·迪斯潘兹

我们也在不断思索，怎样才能摆脱成瘾的困境！

也许最成功的就是嗜酒者互戒协会。上百万的人已"一天一次"地使用戒酒的 12 个步骤成功地摆脱了酒精的困扰。对于这一计划在此就不再赘述了，如果有兴趣可以查阅相关的资料。

但是我们这里应该花一点时间来思考一下这一计划，嗜酒成瘾的人总是被迫地反复强调："我是个酗酒者。"其实我们一开始就应该勇敢地接受这一现实，否则，一个酗酒者永远也摆脱不了先前的那种状态，永远也摆脱不了酒精的困扰。一个人不断地想去确定他到底应该摆脱什么、释放什么。可是到头来这些反而阻碍了他完成转变和彻底改变的可能性，这也就是为什么我们是现在这种状态的原因。

我们长期以来所依赖的那些情感现在已经不再向身体细胞传递了。这些细胞慢慢地在我们身体里衰退了。如果我们对此不管不顾，就像我们任凭成瘾在身体里作祟一样，我们就会破坏身体的反应机制，因为我们并未对大脑中的声音做出回应。与此同时，我们也破坏了身体内化学成分的平衡，因为此时，细胞已经不再需要正常的化学元素了。那些细胞最终会对特定的化学元素成瘾，当它们再生的时候，它们会"调控"。它们会将所有负责感知这种特殊情感状态的神经末梢组织进行调控，使其变得更加和谐，身体便能体会到会更多的欢愉。

——乔·迪斯潘兹

为什么我们是现在的状态

哈哈，我们又回到重大的问题上来了。它为什么重大呢？是因为它不是那么显而易见或是难以回答？还是因为它看起来很有意义？抑或是这样的问题简直曲高和寡，你可以用它来给别人留下深刻的印象？真正的原因是：要从纷繁复杂的因素里找到答案谈何容易！

我们都是创造者，我们用思考的大厦来渗透思想的空间。我们在这里创造属于我们自己的生活。

——拉姆撒

我们的目的就是使我们的才能得到发挥，然后学会怎样变成卓有成效的创造者。

——哲学博士威廉·提勒

最关键的是我们在共同努力，我们在不断探索创造力的限度，我们将已知转化为更高的境界继续研究。

——米希尔·莱德维特

如果我们总是试图拥有同样的思维，同样的经历，那么我们甚至都不能进化成人。

——乔·迪斯潘兹

我们就是创造者，我们创造自己的生活经历，自己的生活现实。简而言之，我们既可以前进，亦可以倒退。

如果我们就停留在某一个点上，我们将经历以前从未尝试过的体验。

从现象上说，成瘾可分为物质成瘾和精神成瘾，或药瘾和非药理学的成瘾。

人的每一种行为都可以越轨以至成瘾。精神成瘾和物质成瘾问题有许多共同之处，即表现出一种强烈的追求致瘾源的愿望，也就是说对致瘾源的心理渴求，其目的在于获得一定程度的特殊心理体验，或者心理上的满足。除了体验成瘾行为或药物带来的愉快体验之外，许多人这么做是为了逃避生活中的难题，排解烦恼。如果当事人从来没有从中体会到愉快的感觉，这种行为是难以持续下去的。

——医学博士丹尼尔·蒙蒂

成瘾就是被改变，被进化所颠覆。

如果这就是我们成为现在这种状态的原因的话，所有新的情感就都会变得令人惊奇，令人满意，令人回味。过去的情感看起来就像是旧的高中课本一样，是一个时期的重要里程碑。但是现在，它们已经被安置在一个被遗忘的书架上。通过最新的发现，生物学家和珀特博士的研究报告都支持这种改变。这时人或是用来做实验动物，比如白鼠何时沉迷于成瘾物质（尼古丁、酒精、可卡因、海洛因）的证明，对于所有的实验对象来说，有一点结果是共同的——新的脑细胞再生被抑制。当这些实验对象不再摄入成瘾物质时，脑细胞又继续开始生长。正如珀特博士所说："一个人完全可以下定决心为自己创造一个全新的生活方式、一个全新的大脑。"对于不同程度成瘾的人们来说，这无疑是一个开始新生活的希望。

就像拉姆撒最后总结的那样："我们对知识的求索决不能被我们的瘾欲所阻碍。如果我们能做到这一点，知识就能在现实中得到体现。我们的身体就能体验新的生活方式、新的信息、新的全方位视角、新的想法，超越一切我们最为狂热的梦想。"

这是寻找快乐、避免痛苦这一过程的终点，正是这个过程推动了人类的进化。

——哲学博士甘蒂丝·珀特

思考一下

· 感觉非常不好的时候，为何还有舒服的感觉？
· 列举你情感上的瘾有哪些。
· 那么，你没有列出来的瘾是什么呢？
· 列举出跟你最亲近的人在哪些方面成瘾？
· 你是怎么看出来他们在这些方面成瘾的？
· 所有的瘾都是不好的吗？

欲望—选择—意图—改变

　　这的确是有关欲望的问题，而且仅仅与欲望有关，与能力、天资、大脑或其他都没有关系。

　　　　　　　　　　　　　　　——弗雷德·艾伦·沃尔夫

当你想要将注意力集中在自己的目的上的时候，你就希望思想变得单一。

——威廉·提勒

好消息就是有着巨大的潜能去改变。

——丹尼尔·蒙蒂

欲望在整个精神世界里属于贬义词。一些短语诸如"消灭欲望"，让我们觉得似乎一个人如果没有了欲望，他就会马上得到快乐。佛祖四条箴言中的第二条这样说道："对转瞬即逝的凡尘俗事的迷恋，和因此而对其他事物的无知是痛苦的根源。""凡尘俗事"不仅仅包括我们周围客观存在的事物，同时也包括我们的思维，从更深的层次上来说，包括我们的一切感知。"无知"是指无法理解我们的思想是怎样被无法永久的事物所困扰。痛苦就源于欲望、激情、狂热、对于权力和金钱的追求和对于名望的渴望。或者简而言之：渴望和执着。

略读一下，似乎欲望、激情、狂热等等都被归为人性恶的一面。因此每个人都应该努力将其从自己的精神世界里清除，做一个无欲无求、清心寡欲的人。可是渴望和执着暗示我们——并不是欲望本身，而是对欲望的迷恋才是真正的罪恶。"不是因为不好，只是因为无知"和"无法理解我们的思想是怎样被无法永久的事物所困扰"就是这种情形的真实反映。

"对于欲望的迷恋"听起来和"情感成瘾"非常相似，事实上，它们是一回事。你可以尝试将这两种表达相互转换来证明两者的趋同。

这一事实证明：科学研究的再发现和这些伟大的精神教义发现了相同的现象，它们殊途同归。根据佛教传统，正是上文所提到的"迷恋"推动人的生命历程不断前行，生老病死，传宗接代，生生不息。这正如珀特博士所提到的一样："一旦成瘾，你就会被禁锢在老旧的生活状态里，脑中不断重复着同样的想法，无法再思考任何新的东西。"

当人们承受感情上的痛苦时，印度智者罗摩克里希纳说道："迷雾在升起，但是令人庆幸的是，它是不会附着在墙壁上的。"通过教义我们得知：并不是情感本身，而是对情感的迷恋（成瘾）给人们带来痛苦和苦难。

欲望和激情——是友还是敌

欲望和激情为进化和改变提供动力。迪斯潘兹博士说道："你必须要有愿望和激情来突破自己常规的界限。"诚然，如下的一个场景也表现了耶稣的一种狂热的情感："耶稣就拿绳子做成鞭子，把牛羊都赶出殿去。 倒出兑换银钱之人的银钱，推翻他们的桌子。" （《约翰福音》）。

在分析一种特定的欲望时，做到以下两点尤为重要：不要判别其到底是怎样的一种欲望。在解读一种欲望的时候，必须避免对其性质的判别，因为这会给这种欲望打上主观印象的标签，以至于使其回到发生的原点，这对于研究本身来说是非常有害的。欲望是会不断攀升的。一个人在高速公路上阻拦了你，在那一刻你所有的想法就是拥有一门激光大炮，当即在路上把他的车打翻。如果你为有这样的想法而感到恐惧和羞愧的话，那么有可能带来

眼睛就是身上的灯。你的眼睛若亮了，全身就光明。

——《马太福音》

这种想法的原因就再也不会出现。

欲望到底是什么呢？举个例子说：有些人在公职部门工作，他们就渴望权力。但是人们往往会因为直接地表露自己的欲望而充满负罪感，因此他们会变相地通过帮助别人来达到目的，尽管他们是想体验权力带来的感觉。可是谁又能保证他们的欲望不会向更深层次发展呢？也许他们会说他们只是想要用权力来填补内心深处的不安全感和自己的无足轻重。在这样的情况之下，得到这样的权力对他们着实没有任何好处。

还有另外一个实际的原因来解释发掘欲望的根源是非常必要的，这就是表征！就像比尔·提勒说的那样，每个人都希望大脑在某一时刻只有一种想法。如果真实的欲望被一个在社会标准下判定为正确的想法所掩埋，或者说一个欲望被压制在另一个欲望之下，两种神经细胞组织都会被激活。它们彼此分立，没有明确的工作目标。但是在此之前，在两种欲望同时闪现（或者说有这样的表现）的时候，一个巨大的疑问开始升腾：我们到底应该让哪一种欲望继续呢？

选 择

必须要作出选择。是谁要作出选择呢？简单讲，应该是两种独立的实体。一个是自我，另一个是超我。处理这两种状态会把我们带入一种人／神、物质／精神的分裂。我们知道如果在自我状态下，选择源于预先存在的神经系统中，传递过去的经验和感情，以及由此产生的成瘾的情感。在这种情况下，"继续的欲望"可以被定义为"重复的欲望"。可是在

欲望对于我来说是一种考验自己、反映我的经历对现实理解的途径。通过我所产生的欲望，我可以了解产生它们的原因。我问自己这样的问题：为什么产生这样的欲望会让我感到满足呢？是因为一种情感成瘾吗？产生这样的欲念能让我有新的体验吗？我会将过去的经历全部耗尽吗？当我可以用这样的方法来考量我的欲望的时候，我就知道了为什么我会有这样的欲望。它帮助我明确自己的意图。清醒的认识、诚实的态度可以让我从这些经历中得到启迪。

——贝齐·可斯

多数情况下，这种选择是一种无意识的决定，就像实验室里的动物会不断地增加身体里的肽释放一样。

真正让欲望延续的力量源自精神层面。在这种情况下所做出的选择不是由先前的经历所激发的，而是将已知事物转化为更高层次，或者叫进化。此时就出现了一个十分有趣的问题——在这些显现的欲望中，我们怎么才能辨别哪些是自我意识的结果，哪些是精神支配的结果呢？特别是有些人认为由精神力转化而来的欲望与自我意识所产生的愿望相比，往往是有一点奇特、天马行空、疯狂或者稀奇古怪的。

在由精神力支配的老师和他们学生的故事里，有许多很好的例子来证明这一点。在许多情况下，老师是循循善诱者，他们带领学生独立思考，然后与他们交流心得体会。我们通常会认为战争是负面的，完全是这样吗？但是在克里希纳的故事里，他驾着阿朱那的战车，告诉大家是他的精神力量驱使他与库茹族人战斗。

另一个例子是关于马帕和米拉热帕的佛教故事。米拉热帕建造了一幢很大的石头房子。在建造完成之后，马帕让米拉热帕把所有的石头都放回原处。这也许听起来很荒唐，更叫人吃惊的是，这样的事情他们又重复了 4 次。

唐璜有一个学生叫卡洛斯·卡斯塔尼达，他是当代最有名的畅销书作者之一。唐璜曾经让他每天晚上都吃汉堡包。吃汉堡包和煎炸食品能够给唐璜带来乐趣吗？在几个月后真相大白：一个年轻貌美的女士进屋来找卡洛斯，卡洛斯一直屏息静气，直到他看见一辆豪华轿车停在他眼前。那个女士发现了卡洛斯，叫道："他在这儿！"此时卡洛斯才意识到自己依然是那样的渴望名誉。那一刻，他终于

在 20 世纪 60 年代，我们谈论的话题是军工联合企业（MIC），在当时它绝对是一支有生力量。多年之后，军工联合企业逐渐被娱乐工业体系（EIC）取代。这一时刻对人们的影响比军工联合企业时期对人们的上百次的影响都深远得多。娱乐工业体系成了两个很重要事件的主宰：操控人们的欲望和选择，以及剥夺他们的权利。人们用"娱乐"来生成欲望，无知让他们购买所有的工业产品。尽管它和古罗马圆形大剧场的娱乐规则有所不同，伴随着科学技术的发展，它变得更加难以抗拒。仔细想想新闻、杂志、电影、电视是怎样激发人们的欲望的，或者它们让你感到空虚无助，只有用娱乐产品才能填补心中的空虚。

——威廉·阿恩茨

对自己有了清醒的认识。

这时的声音往往是从超我的精神层面上发出的，是一种对于智慧的疯狂欲望，它可以转化为任何人都难以预计的力量。这就是不要对欲望做出轻易判定的原因。但是在选择之前，仔细地对这些欲念进行思索，然后正确的选择就会自然闪现。

"自由意志存在于我们大脑的前皮层中，我们可以锻炼自己做出明智选择的能力，并且能够对自己做出的选择有清醒的认识。我认为这也是需要锻炼的，通过另外的方式来锻炼。我们可以去健身房锻炼我们的双头肌，我们可以通过做瑜伽、冥想和其他的方法来锻炼我们的大脑前皮层。"珀特博士告诉我们。

是谁要做出选择呢？当然是我们自己。在这个时候让我们再一次回到这个问题："我是谁？"到底你是哪一个你（是自我／自己还是超我／精神）在作选择？从神经学的角度出发，这个问题应该是这样：我们的选择到底是来自显现的神经系统还是大脑的前皮层？我们是不是在讨论用中国式的抽签方法来确定新选择的优越性呢？或者，我们就像是被设定了程序的机器，用过去的固有状态和思维行事。

再一次，我们回到了这个问题：你到底生活在怎样的世界里？是一个活生生的、有机的、现实的、相互关联的世界，还是一个充满幻象、支离破碎的世界？

选择权在你自己手里。

意　图

与选择相对应的就是行动。当提勒博士做目的性影响身体系统的实验时，他选择了4个"有充分资格

让一个人变成一个观察者的方法，首先，要具备一种善于思维的意识或是理解能力，这样就可以使他们不必一次次地做出同样的选择。其次，尝试把自己置身于某种特定的自我生活的状态之中，不要理会身体机能对自己的信息暗示。这样做对自己确实有很大的帮助。

——乔·迪斯潘兹

被称之为思考者"的人，他们每一个都是自我控制能力很强的人。就像珀特博士所解释的那样，掌控自己目的的能力是可以培养的。关于集中精力的能力，提勒博士补充道："这就是很多玄妙的教义教导人们对一团火焰集中精神的原因。你可以将自己的精力缩小到很小的范围，因此你的力量会更加强大。"

至此，我们一直在讨论创造现实的问题。现在我们来谈谈我们为什么要创造这样的现实，我们到底创造了多少成果，又怎样能把它们变得更加坚实有力。看起来令我们惊奇的大脑前叶对于这样的目标显得非常兴奋。迪斯潘兹博士说道：

"就是大脑前叶在大脑中所占的特殊比例使得我们区别于其他所有的生物物种。大脑前叶就是负责产生明确意图、做出决定、规范行为、生成灵感的区域。当我们培养这方面的能力并且进化成人之后，我们就会有很多其他的选择。事实上，这些选择会影响我们的发展潜力，或者说影响我们进化。

"作为犬类，或者是一只狗，可能需要几千年的时间才能做出一些改变。可对于人来说，做同样的事只消一瞬，因为我们拥有发达的脑前叶。"

我们已经知道欲望的存在还是十分必要的，而且不总是"负面的"。这就是我们必须做出正确决定并且对其进行规划，有目的地把健康、富有和快乐带入现实的原因。如果你还是不得要领的话，莱德维特进一步解释道："为什么还是不能达到目的呢？最根本的原因是没有集中精力。精力不集中，思想就会四处游荡，长此以往，我们就会对这样的状况形成习惯。"这就是一种矛盾。真正有目的地去工作的时候，必须是专心致志的。但是会有很多外界的东西常常吸引你的注意力。成百上千亿的美

我们操控着全息场，它的稳定性非常好，任何你能想象到的事物，它都可为你创造。一旦你有足够清醒的意识并且知道怎样运用自己意识的时候，你的意向就会将想象变为现实。你学习怎样控制自己的目的，这就像是建楼房一样，会越来越高，你因此也会从不同层次的人那里收获到更深层次的信息，你就会感知更为广大的现实世界。

——哲学博士威廉·提勒

始终不变的只有改变。

——《易经》

如果现实是一种自我的可能性，是意识本身的一种可能性的话，那么我马上要提出一个问题：我怎样才能改变它？我怎样能使它更加快乐？在老的观念里，我不能改变任何事，因为我在现实中根本就不能扮演任何角色。现实就是存在的现实。它是一种客观物质，有自己注定的运动规律。我作为一个感受者，不在其中扮演任何角色。用新的视角来看，数学确实能带给我很多东西。它教会我们所有的一切都有预测的可能性。但是它不能给予我意识的真实经历。我选择了这样的经历，因此，我创造自己的现实生活。

——哲学博士阿密特·哥斯瓦米

元都希望得到你的注意，使你将精力放在它们身上（最有效的方法就是"购买"）。迪斯潘兹博士注意到，这的确是一种进退维谷的状况："很多人驻足不前是因为他们在做出了很小的努力之后就开始期待结果。当他们得不到这些结果时，他们便开始对此表示怀疑。可是恰恰与之相反，在这些人停驻的前方不远处，成功的可能依然闪现。人类是具有惰性的。我们生活在一个安逸的世界里，如果我们不能迅速，甚至立刻得到我们所追求的，我们马上就会失去耐心。"

当然，我们不能因为没有能力集中精力就去抱怨个这世界，它是精神的牺牲品。确切地说，为了更好地锻炼我们的目的性，我们必须期望自己能够擅长使用它，并且有意识地锻炼这种能力。这是一种有惊人效果的连锁反应。

在《量子大脑》一章中，我们讨论了量子芝诺效应——当一个人持续不断地对量子的世界坚持（比如集中精神）同样的一种决心，现实世界就会因此而改变。引用亨利·斯塔普说过的话就是："根据行动量子定律的原理，一个通过以类似行动的高频率出现而显现的强烈目的，会将联合其行为的模板放置在一定的位置。"因此我们不仅仅是有看电影的意图，而且还有不断重复的欲望。聚合在一起产生了这种魔力。

观察得到的改变

我们已经用了好几个章节来探讨改变是多么重要。停止对未知的探索会将我们引向毁灭。所以此时的你，要么再渴望一些扣人心弦体验，要么准备睡去。

为了将这些可控的、相互联系的因素组成紧密的长链，我们请教了迪斯潘兹教授怎样使所有的因素在一个人身上全部发生的最重要因素。就像他在先前的章节中提到的那样："亚原子的世界会对我们的观察做出回应，但是一般人都会在每个 6 ~ 10 秒的时间里失去注意力。"我们怎样才能克服这一问题呢？

量子：从微粒到人

当一个人不能集中精力时，他们对某些强烈的刺激会有何反应呢？也许我们仅仅是很拙劣的观察者，观察也许是一种能力，但我们不能掌握它。我们也许是对这个外在的世界里的刺激和反应太过着迷了，因此我们的大脑也已经开始忙于应付这些反应而不是进行自我创造。

如果我们能得到正确的知识、正确的理解力和正确的指导的话，我们就会开始看到我们生活的重要信息反馈。如果你为自己设计了新的生活方式并且为此做出努力，将其视为很重要的事情，每天花时间去完善它，就像一个园丁种下种子一样，你就一定会收获果实。一开始你可能需要花更多的时间来培养自己控制思想的技巧，从而满足这一行为对它的要求。

但是我们每天还是要欣然地坐下来，抽出一点时间来感恩。我们要感谢自己的存在，感谢我们所拥有的生活。这时我们就可以轻装上阵，用真诚的态度去为自己设计未来。如果我们观察仔细、正确行事，我们一定有机会使我们的生活发生改变——不仅仅像我们预计的那样，而且会超出我们的预期。

我们不能空想改变。我们不能只用同样的思维，它会使我们陷入困境，难以自拔，并且无法改变自己的生活。你必须突破自我，从而得到更为广阔的视野。对于有的人来说，做这样的事就像洗澡、冥想、回归大自然、集中精力、思考、围着篝火又唱又跳那么简单。无论怎样，它都能将人带入一个不同的状态。

——马克·文森特

125

它一定会超出我们的预期，因为当这样的事情发生的时候，我们就知道，是更卓越的思想造就了它。

如果结果和我们预计的一样，我们同样也创造了更多的成果。如果我们能预知结果的话，我们怎么来创造一个新的世界呢？当我们寻找世界对我的反馈信息时，我们并没有创造任何的新事物。大脑喜欢有信息反馈。它希望知道自己什么时候得到了成功或是确实地完成了一项任务，因此它就会继续这样去做。这种真诚的态度，从精神层面上说，为人们创造了机会，给了人们一些用于选择潜在现实并且对其进行观察的原理。如果这样做的话，他们就会说："我知道量子物理学是研究微粒的。"

你什么时候才能变成一个十分有见地的人，阐释出如此深刻的见解呢？这些常常始于思考和梦想。那么，为什么不把它纳入自己的生活之中呢？这并不是因为量子科学领域没有回应我们，而是我们应当将自己的愿望和真诚的态度提升到更高的层次。当这一切都能实现的时候，我们就会在自己的生活里看到重大成果。

——乔·迪斯潘兹

我们确实见过一些哑巴最后成为非常出色的科学家，甚至获得诺贝尔奖。我们也见过许多出众的、聪明的、有天赋的人在旧金山的大街上乞讨。这就是欲望的力量。

——弗雷德·艾伦·沃尔夫

为了知道什么是应该改变的，我们必须重回我们走过的老路。我们有意为了改变而改变，目的是一个决定（自由意愿）的结果，而这一决定恰恰是由欲望转化而来的。

你必须要有改变的想法，我们的意思是"想要"改变，渴望改变。对于这个物质的世界来说，问题就在于：它就像一只钟表一样运动，拒绝改变，但是无形的精神世界要推动其向前运动。我们的选择就在于应该生活在怎样的世界里。

"所有的一切对我意味着什么？"

贝齐·可斯

对于我来说，"拥有"一种情感就意味着它不再对我自身或是我的选择具有影响力。我选择我的情感状态，而它不能选择我。一旦我"拥有"了某种情感，这并不代表我就再也不会生成这样的情感。当它显现的时候，我不会惊慌失措地想要去抑制它，我也不会让他破坏我自己的体系，我只是观察它。

"我应该怎样开始？从哪里开始呢？"通常我会只接触一种情感，但是我发现它们之间是相互联系的，通过这种情感可以追溯我生活中所经历的其他情感。因此，我首先会意识到我是有这些情感的，我承认它们的存在。

下一步就是超越判断。我发现一旦自己有某种成瘾，我就会整天惴惴不安，对自己进行评判。可笑的是，我会在深陷成瘾的泥潭不能自拔的时候来评判自己。举个例子：我不能摆脱失败的纠缠。我就会认定自己不够优秀，难以摆脱失败的命运。我提醒自己，并不是只有我一个人会遇到这样的问题。每个人都会被一些琐事纠缠。而每一个人，也包括我自己，都有能力摆脱它们的束缚。但是判断意识本身早已是根深蒂固了。早在几个世纪以前，"道德"被灌输进我们脑子里的时候，罪恶和评判就已经植根于我们的意识之中了。因此尽管你认为自己不是一个乐于判别是非的人，判断已然存在于你的思想之中。

那我是怎样做的呢？

我会花几天的时间把我所经历的情感都记录下来，何时经历的何种情感以及与之相关的事件。这是一种十分有益的锻炼。不是因为我有能力胜任这样的锻炼，而是因为它确实能帮助我看到自己到底因何成瘾。我每隔几个月就会这样做一次。

当我将它们罗列出来之后，我会暂时中止前进。每当我开始感到自己对一种情感成瘾的话，我就会停下脚步，问自己这样的问题：

· 我真的需要带着它继续前行吗？

· 它到底能起什么样的作用？

· 它可以帮助我解决问题吗？

· 我为什么会把它看成是一个问题呢？

· 它可以使我的身心得到发展吗？

回答这些问题让我开始明白怎样来选择自己的情感状态。我用这样的状态来推动自己不断前进。我还注意到情感成瘾是可以分为不同层次的。愤怒是憎恨的副产品，它同时也是失败、受害等等的副产品。

在克服了"这不可能，我永远也解决不了它"这种情绪之后，我从中体会到了乐趣。这是一种新的体验。从里到外重新塑造自我而不是感到被外部世界所支配。

这种改变不是非常巨大且显而易见的。你必须细心深入地观察使它引领你以小见大（听起来有点儿像量子）。我观察我的生长环境、我的现实生活、我见过的人、去过的地方、度过的时间、经历的事件。通过对这些事物的观察，我看到了情感成瘾是如何影响了我的现实生活，我同样看到成瘾的情感在继续控制着我，带我进入一种特定的状态。

比如：在我人生的某一特定时期，我总是上班迟到。不论我起得多么早，或是多么努力想要按时上班，我仍然会迟到。我总是赶不上学校的班车。每天都是同样那趟该死的班车，它搞得我在工作中精神紧张、疲于应付、无所适从。我觉得自己什么事也做不了。我变得狂躁不安，草木皆兵。我那时只有二十四五岁，很多人都希望能有更成熟稳健的人来接替我的工作。我感到非常迷茫。我不能胜任这份工作，我没有能力完成它，我做不了，没有人尊重我。我的意思是说，如果我连按时上班都做不到的话，我真的不应该再待在这儿。我现在知道了，那辆车是我为了满足自己"失败情结"的化学元素需要而自我创造的结果。

就像我说过的那样，我每个月都会自省，看看自己取得的成果。我的意识和情感都非常清醒，我会向自己发问，就好像我能让时间停滞，到达未来甄别我可能的选择，然后再选择能够对我发展最为有益的一个。

我同样每天会抽出时间坐下来用清醒的意识来创造我的现实生活。当然这不仅仅是坐在那儿说："我今天希望百万美元能够从天而降。"我希望自己变得富裕，但是我相信上帝会让我自身得到发展，从而实现我的愿望。因为这才是最重要的——发展到一个更高的思想境界。这句话的意思是：我拥有自己需要的情感和经历，并且可以把它们变成真正属于自己的一部分。通过花费时间来观察自己，观察自己的现实生活，自己的情感状态，我可以做出能够指引我走向光明大道的选择，而非每天只是游手好闲，无所事事。

我们收到非常多的全世界各地的朋友寄来的信件，他们都是从人生哲学和生活经历中得到了这些知识。这些都是励志人生的传奇故事。以下就是两则：

大约 4 年前，我的丈夫去世了。他留下的鸟儿都悲痛至极，不论我怎样努力，它都只是不断地撕咬、惊叫、拔自己的羽毛，甚至自残。后来，我猜想如果改变我的想法和方式，它或许也能有所改变。我相信它，为它祈祷。两周之后，情况开始改变了。它可以停在我这儿，让我给它洗澡，和我一起玩耍，而且它再也不乱啄了。这真是神奇！因为它过去总喜欢乱啄。看得出，它变得更加快乐了。没有想到用改变想法和方式能够带来如此的改变，我很吃惊，我影响了它。在此之前我简直抓狂，因为我不知道怎样和它相处。现在我相信它会拥有更美好的未来。

——琼

我有很严重的花粉热。我有一个兄弟和我患有同样的病。我们的症状都比较严重，因此必须吃很多的药才能顺利地度过夏天。花粉热一直困扰着我们。直到有一天当我在阅读《目标的力量》时，突然闪现了一个念头：大脑生成身体所有的化学物质，而且我确信迪斯潘兹博士说过，人脑有自己的"迷你药房"。因此我下定决心：每当我感觉到花粉热开始作祟的时候，我就幻想大脑正在生成它最需要的物质，从而使我抵抗花粉热对我身体的侵害（就像治疗过敏症药物的广告鼓吹自己能够抵御过敏源微粒一样）。在过去的两个月时间里，我再也没有用药物来控制花粉热。我几乎每天都能感觉到症状出现，但是我已经知道怎样用自己的力量来消灭它。

在开始的时候，症状发作要比现在频繁。我不知道是不是我的努力还是其他的可能让我的花粉热发作次数减少，但是我知道它的发作次数已经越来越少。

——尼克

思考一下

· 你想要并希望什么成真?

· 为什么想要某个东西?

· 欲望从何而来?

· 实现某个愿望能让你得到怎样的满足?

· 如果实现了某个愿望,你的现实会发生怎样的改变?

· 你的范式是否也会改变?

· 你愿意为了实现这个愿望而放弃现在的范式吗?你一定要这样做吗?

范式：硬币的另一面

> 范式是一种暗含的假设，它们不需要被检验。事实上，它们本质上是无意识的。它们只是我们作为个体、作为科学家、作为一个社会整体的行为的一部分。
>
> ——对之前章节的总结

信仰最根本的意义就是能够赋予短暂人生以永恒的意义，这种精神可以说是人生价值的追求，人生价值的实现是建立在信仰支柱的基础之上的。

你对于你的信仰，相信它，敬仰它，感谢它，赞美它，爱慕它，走近它。

——哲学博士戴维·阿尔伯特

我们一直都在研究科学的范式，研究它的种类样式，研究它是怎样指导我们认知世界的。"范式转化"是一个人们经常提及的词组，它假想了一个美妙的新世界，在这个世界里，所有基于牛顿对世界的认知而产生的假设统统不复存在。

但是在范式的世界里，有一只800磅的大猩猩就站在房子的正中央。

向信仰问好。

尽管许多人都想离去，但是信仰就像是一位女王，用它不断变化的形式承载着各种范式。

"……不需要去检验……"

"……本质上是无意识的……"

事实上，我们马上就会只知道，这是一种行为方法，它摈弃了牛顿的精神，与科学分道扬镳。科学本身不会如此，但是教会为之。

信仰的世界

毫无疑问，东西方文明最明显的分界线就是围绕神展开。他们不仅对文明的定义有着大相径庭的理解，就连这两种信仰本身也存在根本的不同。西方宗教信仰主要都是基于对唯一的、万能的上帝的崇拜。而东方宗教信奉"众神"，比如佛教和道教。

东方传统宗教信仰训诫人们神（道、婆罗门、纯粹意识、空等等）是无处不在的，只有自己才能真正感知他。或者更为确切地说：真我即神。

在西方传统信仰中，神与我们是分立的。尽管笛卡儿"发明"了二元论，但是对于神"在那里"的二元论思想早在笛卡儿之前的数千年就已经产生了。从某种程度上这种对于神、对于人性的不同理解为我们利用二元论来了解西方文明提供了途径，同时也为我们提出了很多问题（很多惊奇的发现）。

下面我们将主要探讨西方宗教信仰。尽管我们要详细讨论这其中一些思想、信条，指出它们的症结所在，但是我们也不能忘记一枚硬币有另外一面：数个世纪以来，教会鼓舞了无数的人们不断增长见识，追求美好生活，实现美好愿望。

> 信仰既表现了个体对最高价值的追求，也是在各种价值观念中居于支配、统摄地位的价值观念，因而它对人们的思想言行具有决定性的影响，它是人最重要的价值观念，是主宰人们心灵的精神支柱。
>
> ——乔·迪斯潘兹

进化和人类的进步

有一点对于人类是至关重要的：我们一直在坚持不懈地前进。有时我们并不知道应该去向何方，尽管如此，我们依然奋勇向前。因为对于任何活着的机体来说，不运动、不改变、不进化就意味着枯萎和死亡。米希尔·莱德维特说道：

"科学的研究方法就是对于现实世界做出一种推测，然后再运用其他方法来对其进行反证。在这一过程当中，我们可以将其精华和糟粕分而置之，并且希望你可以抓住最坚实、最实质的核心。但是，正如你所了解的那样，至少有90%的新知识在若干年后会被丢进垃圾箱，而这也正是它们理所应当的归宿。"

现在，在人们努力争取的进步成果中唯一例外（不会被丢弃）的就是宗教信仰。因为它告诉人们："我们从诞生的第一天起就蕴含着所有的真理。"因此它们不可能被改变，这也就是我们不能将其驳倒的原因。正是由于我们对于宗教信仰中最无足轻重的部分从来都没有进行驳斥，因此它在人类思想进化的进程中也变得越来越无关紧要。

但是即使在西方，事实也不都是如此。最显而易见、人尽皆知的例子就是耶稣的训诫了。旧约中的神是耶稣时代的万能之主，是一个愤怒的、有强烈报复心的、恶毒的个体。他叫嚣着要杀掉所有出生的人、动物、山羊和牛。不消说，他是一个"恶神"，和基督教中所描绘的"神即是爱"大相径庭。就像莱德维特博士所描述的那样："在以耶稣训诫作为指导的过程中我们发现，耶稣训诫与旧约训诫有一点很明显的变化。比如说他教导人们：老人们引用摩西的话说：'以牙还牙，以眼还眼'，但是我告诉你们：宽恕自己的敌人。"

事实上，许多的耶稣训诫都强调摆脱将神描述成腾云驾雾、仙风白髯的圣人形象这种观念，而是让他成为一个更为自我的神，将天堂是一方净土的思想转化为天堂在我心中的思想。

事实上，耶稣训诫中革新的部分几个世纪以来一直在影响着我们。依照莱德维特博士的见解：

"耶稣强调思想的重要性，思想高于伴随着思想而产生的行动。因此，比如说我有谋杀邻居的想

耶稣说过："当你认识自己之后，你就会被认知，你就会理解自己是活着的神父的孩子。但是如果你不能了解自己的话，你就会生活贫穷，而你自己也是一个贫乏的人。

——《托马斯福音》

法，很显然，这与邻居不愿自己被杀害的想法完全不同。但是按照自己心中构建的"王国"理论，并用它衍生开去，这样的想法和由此而产生的行为便没有任何区别了。因为从我们已经熟知的量子的角度来观察世界的话，毫无疑问思想是决定因素，思想至上。"

但是沿着这条思想的康庄大道一路走来，西方宗教信仰遇到了麻烦。圣经的内容被删节，书籍的内容被篡改。当所有的教会开始变得大权在握的时候，不同的见解被无情践踏。

现在仅存了些许信念的碎片，每一个上面只有最后两个字：真理。就像作家琳恩·麦塔嘉所说的那样："对于有组织的宗教团体来说，有一个问题就是：他们有一种孤立意识。清教徒们觉得自己最优秀；天主教徒希望只有他们才知道人们应该去向何方。但是我想当今量子物理学的知识是一种对于所有科学的全面理解和通篇把握，因此我们也必须从统一的意识世界里得到精神支持。"

在损毁的书籍里，学者们公认最为接近耶稣训诫和早期教会教义的是《托马斯福音》。它是1945年在埃及拿哈玛地的近郊被发现的。

进化和个人发展

假设我们了解世界对我们的认知，并且知道它是怎样约束我们对于现实世界的看法，那么由伟大教义产生而来的普遍观点是怎样对我们产生影响的呢？

莱德维特博士讲述了下面的故事。

许多年前我在澳大利亚遇到了一次意外。我正在讲关于天堂和地狱的思想，这时候有一个20岁左右的小伙子对我说：

"这的确很有趣，但是感谢上帝，我没有任何

我们从来没有犯罪，没有过错。所谓的错，只是在道德上与社会进行的一种对抗。这就是人们的不幸，这就是为什么人们会这样犯错、学习、求索并且运用他们的智慧去创造更伟大的梦想。我们就是用这样的方式创造了所有的一切。所有的人都是非凡的。

——拉姆撒

宗教信仰。"

"仅仅是这样吗？"我问道。然后他回答说：

"是的，我没有宗教信仰。我的父母也不信教，因此我长这么大也没有任何信仰。"

他之前已经告诉我在他 8 岁的时候，他的父亲就去世了。所以我问他："如果不介意的话我想问问你，有没有人告诉你你的父亲去世以后去了哪里？"

他说："嗯，他们告诉我他去了天堂。"

我说道："这听起来倒像是一种荒唐的宗教解释。"我仔细打量了这个 20 多岁的年轻人。对与错的信念、好与坏行为的报应等等，他所成功经历的每一件事就和一个深深地信仰宗教的人所看到的现实一样。他从来没有去过教堂，也没参加过犹太人集会或是去清真寺，但是他确确实实是一个有宗教信仰的人。

诚如莱德维特博士所说，对于我们的发展来讲，最大的障碍就是在我们的文化传统中常常把神形容为："正襟危坐，记录着人们的得分，得分的高低表明我们是不是按照他的旨意行事，或者我们有没有冒犯他。"这绝对是非常荒谬的想法。我们怎么会冒犯神呢？这些对于神来讲怎么会过于严重呢？难道所有上面提到的一切神都会知道，而且视为很严重的情况，因此他要惩罚我们忍受无穷的痛苦吗？这些纯属无稽之谈。

有很多无稽之谈：在浩瀚无垠的宇宙中，星系比大海中的沙砾还要多。在这片宇宙空间里，有一群人在一个很小的星球上，他们独有的特权使他们能够穿过天堂拱形的大门，其余的宇宙万物就只能在地狱承受无尽的苦难。很难想象还有比这更加荒谬的想法。如果你信仰这样的神，你就要知道：它会对我的世界观带来怎样的影响？

有成千上万的人被灌输了诸如害怕做错事、害怕下地狱、畏惧生活这样的观念。就像拉姆撒观察到的那样："这是银河系中唯一一个能够居住的星球，它被淹没在一大堆宗教信仰的压制之中。为什么会这样呢？因为人们制造了是非对错。"

但是对于无论对与错都影响真理和发展成就这一观点起初让人很难接受。我可以去谋杀别人吗？我可以向邻居行窃吗？可以毁灭城市吗？这个很难把握的概念的真正原因是：这是另外一种处理生活和发展的重要方法。

对与错是建立在一系列规则的基础之上的。这些规则是由教义、文化价值观和利用政治便利发展而来的，它们是从外在的、文化信仰中衍化产生的。从发展的角度对判断进行研究可以得到一个最基本的假设，最核心的内容就是从根本上说每个人都是非凡的人。这和人们天生有罪或是天生拙劣，受到大自然的厌恶，因此必须听命于神的观点有着本质的不同。为了约束这些像动物一样的人类，便产生了永恒苦难的威胁。

《落在愤怒之神手中的罪人》是乔纳森·爱德华兹的一篇警世之论的题目。他是美国清教徒中最早讲述"地狱是火与硫矿的地方"的布道者。从实际的发展情况来说，人类确实需要这种"指导"，就像警告一个 3 岁的小孩不能把叉子塞进电源插座一样。但是我们现在的建议是超越基于对是非对错的判断的价值取向，形成一种自我的发展境界。就好像孩子懂得电是一种更强的力量一样，人们也会掌握自然界中更高层次的规律："你们不要判断人，

> 这是银河系中唯一一个能够居住的星球，它被淹没在一大堆宗教信仰的压制之中。为什么会这样呢？因为人们制造了是非对错。
>
> ——拉姆撒

在一次对一个新闻记者采访过程中，我对宗教信仰中的教条嗤之以鼻。她说听起来我就如同自己正在谈论的宗教信仰一样教条。她是一个以描写宗教信仰场景而著称的作家，并且经历过、听说过很多与宗教有关的非常奇妙的事情。而我却是在"丢弃不需要的东西的时候把宝贵的也一起丢掉了。"这的确让我尴尬得无以复加。它同时也让我领悟到一个热诚专注的记者寻找到了怎样的真理。

——威廉·阿恩茨

就必不受判断；不要定人的罪，就必不被定罪；要饶恕人，就必蒙饶恕。"（《路加福音》）或者说，就像我们一直所强调的那样，你本身的态度会在外部的现实世界被反映出来。

这种基于智慧不断增长的发展概念与之前提到的佛家四圣谛非常相近："痛苦的根源是对转瞬即逝事物的迷恋以及由此而产生的无知。"痛苦并不是触犯愤怒、妒忌之神的后果，它仅仅是无知的结果——一无所知。

它并不是一种惩罚，而是一个指示，一种推动，一条光明大道上的路标。

自己拯救自己

基督教的一个最基本信条就是这样的一种观念："耶稣会拯救我。"事实上，我们自己是没有希望得到耶稣的拯救的。对于人来说，他们出生在罪恶里并且天生有罪，从一开始就混沌不清。对于他们来说，产生一个更为令人难以置信的想法真是太困难了。

具有讽刺意味的是，正是这些错误，这些无知的决定，这些"原罪"，使我们发展到更高的高度和层次。如果真的有人能拯救你，那你就不会对任何事情负起责任，这就是典型的受害者心态。事实上，有这样的想法的受害者随处可见。

杰西奈对这一问题是这样理解的："取悦神使我们丧失生活本身对我们的约束。举一个非常贴切的例子：因为我们的罪恶我们不得不让某人死，这简直是一种偷窃。难道你们不觉得吗？我觉得我们应该有超脱于原罪生活的权利，并且通过对过往美好事物的经历从而变得更加睿智。除非我们被笼罩在灰暗经历的阴影下，它们可怕且对我们造成伤害，否则我从来也没有见过谁天生就是一个'异种'。因为只有在出生以后我们才开始真正增长智慧，它引领我们去了解每一个人。"

宗教信仰是好是坏

宗教信仰听起来开始像罪魁祸首了——把我们变成惊恐的绵羊，等待着审判的重拳挥向自己。此外，还有不幸的圣战的历史、寻找女巫的历史、焚书的历史和森严等级制度的历史，这些不都完全是一幅由神圣信仰指引的美好画卷。许多是伪善地将邪恶的标签强加在宗教信仰之上，长期宣称是非善恶是怎样的不复存在。

让我们用所有的宗教活动作为范式，或者作为一种意识的升腾来观察以上的行为在不同的宗教信仰中是如何表现的。的确有非常多的数据来支撑这一观点。让我们再重新审视一下这些"邪恶"的行为：战争、寻找女巫、焚书、等级制度——所有的这一切在通常情况下是与教堂无关的。如果人类要发动战争，首先需要找到一个理由。如果人们想要自己比别人出色或者优越，而他们发现"只有一种方法"的时候，他们就会寻找一种能够给予他们这种特征的范式。

起初一些宗教信仰确实是有真实而又神圣的起源，但是随着时间的推移，它们被人类支配和接管。因此诸如"原罪"这样的教义，它从来不是耶稣的训诫，也被附加在其中。"置之不理"变成了"在圣地屠杀犹太人"。但是最为重要的是，这些

就在去年环游世界期间，我产生了一种和威廉的理解非常相似的认识。我用科学的方法来指出宗教信仰最根本的错误。我使用了在卡尔文主义的传统思想中所体现的"强权即公理"的方法。与此同时，我们非常希望这些多样的传统能够殊途同归。也许只有我用一致的行为才能使这些传统达到统一。摒弃任何一种观念，假定它只有一个正确的答案。但是量子力学的原理明确地告诉我们，事实并不是这样的。对我来讲这一直是一件很惭愧的事。
——马克·文森特

小的时候，每个礼拜天我都会去教堂。我从来都不知道自己会去哪一个教堂。我每周都会去不同的教堂，这主要是因为我对里面的音乐很着迷。我也会为每一个教堂对爱、仁慈、团结的理解是如此的相似而感到惊奇。我也同样对它们的彼此分立而感到感伤。我会问我的父亲，为什么有那么多不同的教堂？父亲回答说，因为人们总是习惯性地认为只有自己知道是非对错，而那些不同意自己见解的人都是错的。希望有一天人们会明白根本没有"是非对错"，有的只是伴随着自己发展的不同层次的理解力。

——贝齐·可斯

增加的所谓教义的根源并不是真正的训诫，而是发自人们的内心深处。其结果并不会破坏宗教信仰，而是会影响后世，重塑人性。消灭教堂和政府并不能消灭战争，只有摒弃那些指引我们行为的思想成瘾，我们才能消灭战争。宗教信仰的症结就在于它们深陷对真理定义的判断之中。对于摒弃这种顽固立场的宗教冲动来讲，它必须看到一枚硬币的另外一面——科学，并且知道是什么让科学变得如此伟大。失去的就是在探寻一种恒久的、更为伟大的理解时犯错误的勇气和意愿。

改变发生了。种种迹象表明神的形象正在改变。在中世纪广为人们所熟知的那个坐在判决宝座上的"高大的白人慈父"形象正在被一种人性化较少的、更为抽象的观念所替代。

安德鲁·纽伯格说道："人们一定程度上已经远离了神是一位圣人的观念，转而形成一种更崇高、更广阔的思想。从某种意义上来说，神无处不在，从另外一种意义上说，人们依赖于现实世界本身。因此并不是说，神本身即是宇宙万物，而是宇宙万物从根本上说作为神的起源，这其中包括所有的事物，所有的微粒，所有的生物。"

这其中也包括对神的这样一种理解：神在我心。

苏美人把神看作另外一种人，他来到世间与他们交流。爱德华·米切尔的观点，我们之前已经讨论过，恰恰与之相反："在那个时刻我意识到这个世界是有智慧的。意识本身是一个基础。"地道的美国人认为这种神灵渗透于万事万物，他无处不在。因此他们会与风的神灵对话，会与水牛的神灵对话。

到底什么是神？什么是神灵？什么是精神？精神是不是在400年前被科学碰撞出高墙以外了？它何时还会再回来呢？

神、精神、物质、科学

分歧结束了吗？解决的方法又是什么呢？是由于量子而产生的分歧吗？谁站在教堂一边，谁又站在实验室一边呢？是谁欺骗了谁，还是谁被欺骗了呢？又应该去责备谁呢？

宗教信仰的产生伴随着这样的一种思想，即在一个二元的世界里，神在天，人在地。在某些方面教会试图掌管所有人们努力的方式。不仅是科学，也包括所有的艺术形式。直到科学证明了这其中的错误，此时唯一能够解决问题的方法就是分庭抗礼。神和他的追随者们得到了精神，科学得到了物质。正是这样的纷争驱使科学不断向前发展从而达到了今天的高度，这是不是非常具有讽刺意味呢？如果我们看一看东方人的宗教信仰，他们从来没有用二元论来指导行为，因此科学也从来没有被开除教籍。然而正是因为这种极端的精神世界的分裂使得西方科学发现精神和物质是融为一体的。

什么？！如果这是真的，那么精神和科学的决裂就变成虚假的，没有任何现实意义了。那么到底是谁欺骗了谁呢？

没有人被欺骗，抑或是说每个人都被欺骗了。因为这两种世界本来就是一枚硬币的正反两面。这枚硬币就是人性，它在现实的世界中不断翻转。或许人性的这两个部分认为只有彼此分离才能使科学将精力集中在物质身上，才能不断地发现，才能提高生存的质量。事实上在宗教信仰中常常被指责的教条主义在科学层面上也会出现。这就像是各种不同类型的宗教信仰本身一样，仅仅是人性潜在意

我认为有很重要的一点我们必须去理解，那就是当我们说神在我心中的时候，不能把自己看作是一个包藏神的容器。我总是想到外国电影里一个生物从自己的胸部迸发而出的场景。所以当我们说天朝王国存于我心，而不是神在我心，就像耶稣所说的那样，在这个时候，我们所讨论的是一个完整的有着神圣起源的自我甄别，这是一切事物的起源。
——米希尔·莱德维特

141

识领域的一种升腾。就像约翰·贺格林先前观察到的那样："不要错误地认为科学家就是科学本身，他们和我们身边的每一个普通人一样。"

旧的范式

杰弗里·沙提诺瓦说过："科学家们也和任何一个人一样充满偏见，这就是科学的方法，特别是这一方法能减少偏见对我们的影响。"沙提诺瓦博士则更进一步：科学和精神的决裂对所有人都造成了影响（或是感染）。

这一在启蒙运动中被提出的表述暗含的意思是要告诉我们一个人做出的任何行为、生活中出现的任何问题最终都可以用台球的游戏规则进行解释。所有的球一开始会被撞开，接着它们就开始滚动，而随后发生的任何运动都是毫无意义的。因此任何你在生命中做过的会让你觉得有目的的、有意图的、有意义的事和这些关于目的、意图、意义的想法，所有这一切都是虚幻的。

尽管不理解这些，不相信这些的人也已经彻头彻尾地受到这些思想的渗透、侵蚀、感染。因此，你可能没有注意到这些，让我将这一观点做一点夸张——甚至那些绝对坚持不接受这一观点的人也会变成绝对人生的机械论观点的信奉者。完全不被感染是不可能的，任何事情都受它支配，它破坏几乎所有我们认为世界万物都是有生命的这种鲜活的感觉，它就像毒药一样渗透在所有事物当中，就连那些强调自己不相信它的人也不例外。

这听起来和莱德维特博士的主张有惊人的相似。莱德维特博士认为宗教信仰已经渗透进我们的

一般认为科学是在与宗教作斗争中发展起来的，科学与宗教是完全对立的。科学研究的是自然和社会的客观规律，宗教信仰超自然的存在。两者对立，但似乎又互补，高层次的人离不开信仰，于是科学与信仰的关系问题一直是一个哲学上重大的课题。
——哲学博士戴维·阿尔伯特

思想，我们所有的人都会受它的影响。如果这两种观点都是正确的话，这就意味着我们生活在一个分裂的精神世界里，一个支离破碎的信仰系统：我们漫无目的、毫无意义的行为被一些神支配和判定。尽管他们本身也毫无意义，但是我们所有在世间的一切行为完全都依赖于他们。

在这场精神与物质的分裂中到底谁被欺骗了呢？就像往常一样，孩子们。当神父和教授为各自的追求摇旗呐喊的时候，人性被丢在了一边，伴随它的是一个关于讲述世界的支离破碎、令人费解的故事。而这两方都宣称自己到底有多么正确。

如果问 10 个人是否想知道祷告和治疗、思想和心灵感应的科学根据，你得到的"是"要比"否"多。绝大多数的科学机构是不能取代科学方法并且转而研究他们所涉及的范围的。是谁失败了呢？是我们自己。如果有人得到任何承诺说他们的祈祷会真正地帮助他们，而不是像"那些杰出的科学家"所形容的"全是空谈"的话，那他们早就应该被拯救了。

雷丁博士补充道："如果它们是真实的话，那么科学这个庞然大物显然未曾触及一些有深远意义的，甚至可能具有深刻重要性的事物。因为不论任何时候，只要是科学忽略的事，或者说与世界的某一部分分离，'我们就不会看到'，这就意味着我们没有对现实世界形成一个全面的理解。"

现在呢

太好啦！人性又开始再次升华，一大批科学家开始涌现，他们正致力于找到这两种看上去迥然不同的世界的交点。安德鲁·纽伯格说：

> 如今人们提到信仰就联系到宗教，提到宗教就认为是信仰。其实宗教和信仰的区别是非常明显的，但忽视它们的区别，会使许多问题陷于混乱。
> ——哲学博士江本胜

"在很长的一段时间里，科学与宗教信仰一直存有分歧。人们坚定不移地追随它们其中的一个或是另外一个。我们一直在努力利用另外一种不同的视角来看待这个问题，以找到怎样使两者融为一体的方法，而不是让它们彼此分立。

"我想当我们认真看待科学与宗教信仰之间的关系，探究怎样使二者融合时，神经科学对于我们来讲是一个最为宝贵的领域。我认为科学和宗教信仰可以非常成功地结合在一起，不需要斗争，也不需要任何一方做出任何让步。

"因此我的目标便成了我正在从事的工作，我努力能够在那些更为倾向于宗教信仰的人和更为倾向于科学的人之间建立一种对话机制，然后交流彼此的思想。我们可以用一种安全的方式来处理问题，既保持科学的态度，又尊重且保留宗教和精神的含义，找到一种方式使二者殊途同归。"

弗雷德·艾伦·沃尔夫补充道："这不是一个将精神性带入科学的问题，这更多的是要同时扩展两者的外沿，使得我们提出的问题可以从科学和宗教信仰所提供给我们的两个不同角度得到回答。能够意识到主体，即'内部空间'是非常值得研究的这一点也非常重要。另外一点值得注意的是，研究'内部空间'和探索'外层空间'是不同的，但是我们用理解物质世界的量子性质的方法可以对我们更好地理解内部空间带来很大帮助。"

门是向两个方向同时敞开的。将对意识的研究包含在对微粒的量子性质的理解之中，对研究本身来说一定是大有裨益的。可以确信，当人类的两种努力融合的时候，一种新的文明就会产生。而科学本身一直也在寻找更为伟大范式来描述这个奇妙的

很重要的一点是，在很久以前，我们做出了将精神与科学分离的决定。因此我们获得了研究科学的能力。但是现在我们已经学会研究了，当意识成为实验的一部分的时候，我们就可以完成更为重要的工作从而更好地进行科学研究。

——哲学博士威廉·提勒

世界。

关于神与物质、精神与科学的各种交融方式，拉姆撒已经在回答重大问题时进行了概括，这些问题是："我们为什么在这儿？我们的目的何在？"这确实是对科学的一种嘲讽式的呐喊：

"将已知向未知的境界转化。"

思考一下

· 宗教信仰的范式是如何影响你对现实的感知的？

· 你的范式是如何作为你关于对与错的认识的标准的？

· 什么是对的？

· 什么是错的？

· 对与错的真理掌握在谁手里？是你、教会、父母、丈夫、妻子，
  还是科学？

· 你是否看到你的范式在扩展？

· 我们为何在这里？

· 你为何在这里？

纠　缠

　　正如我们看到的，自然是一个网状的层级结构，由非固定的互相协调联系在一起的系统组成。

——欧文·拉兹洛

我们操纵发电机，能看到发电机里的长钉的几率是千分之一。

——迪安·雷丁

作为科学家，从小就接受的教育是这个世界被科学定律所左右，世界上发生的一切都不是偶然的，存在普遍的秩序，这些秩序是精确的数学定律。科学家一生的任务就是寻找还没有被发现的定律，我们不应该对这些定律的存在理由发出质疑。换句话说，世界被物理定律左右，这些定律只能被发现，不能被解释，是一种信仰。

——科学家保罗·戴维斯

还记得纠缠吗？爱因斯坦利用纠缠理论来反驳量子理论，即两个相互纠缠的粒子被分至宇宙两极，如其一受到触击，另一粒子会随之反应的现象。有时也称之为"非本地"现象，因为本地就意味着不远，而在纠缠理论中好像不存在距离的感念。万物时时相连。

前面已经提到了欧文·斯克罗丁格的话："纠缠不是量子的特性之一，而是唯一特性。"这是指量子特性——物质、能量、粒子的特性。

其他经验领域呢？这是存于生物界、社会及全球系统中的现象吗？或者此推论仅仅是新时期哲学家的一厢情愿？

从许多角度看，这些理论、试验及争辩其实是"新范式"关注的焦点，它们认为宇宙存在两种可能，一是死气沉沉互不联系的宇宙，二是天生就生机勃勃联系紧密的宇宙。

纠缠的思维

我们不难想象，意识也是相互关联的。粒子互相联系。粒子可比做信息，意识可比做物质，物质也可比做意识。那么为什么意识就不会关联呢？粒子试验并未证明意识相连，但它却引导我们去探索一个包罗万象具有普遍适应性的研究领域。

　　至少，雷丁博士是这么想的。他所著的《纠缠的思维》一书似乎解释了自然界中许多异常的现象，并且他决定要通过试验进行证明。首先，他让两个人在整个试验过程中都想着对方，雷丁博士发现这样他就能实现意识纠缠。之后，两人分开，并被安排到两个不同的地方。这样，两人之间已不存在任何身体接触。然后，科学家用导线把两人连接起来，并按雷丁博士所说对其中一人进行触击，同时观察另外一人是否会随之反应。如果反应，则可证明二者虽然身处异处，但意识依旧相连。当然，这类试验受到大量生理因素的制约。

　　他还做其他试验，如：用手电筒照射其中一人的眼睛，然后观察另外一人的大脑尤其是后脑是否会发生变化。在过去的 20 多年里，雷丁博士一直在做此类试验，结果发现答案是肯定的。坐在暗室的人与其搭档的大脑反应方式不同，因为后者的反应并非是由感官刺激引起的，但确实发生了改变，并且几乎是与前者同步反应。在意识纠缠模式下，两者一直处于联系状态。当我触击其中一个时，另一个就会跟着动。这不是因为有魔力在传来传去，而是因为触击一个就相当于触击另一个，所以他们就互相反应。

　　雷丁博士借用几率来描述这种惊人的现象："在所进行的有关纠缠的思维的研究中，我们能看到思维间联系的机会仅为千分之一。此结果以元分析为基础。在进一步试验中，更多的人普遍感觉到有种被人盯着看的感觉，这个概率超过万亿分之一。"此数据是通过过去几十年中所做的数千次实验及与雷丁博士的元分析相结合而得到的。

　　那么超感知觉是鬼魅般的行为吗？雷丁博士发

　　在所进行的有关纠缠的思维的研究中，我们能看到思维间联系的机会仅为千分之一。此结果以元分析为基础。在进一步试验中，更多的人普遍感觉到有种被人盯着看的感觉，这个概率超过万亿分之一。

　　　　　　——迪安·雷丁

　　元分析是指对已有的研究结果进行定量综合的分析，试图确定"真实"值。

我认为有许多证据都能够说明"力量中的干扰"是真的。这不是比喻，也不是神话。一些人对此感觉比其他人要敏感一些。但是，不论如何，我姑且称之为纠缠的思维或其他的说法。

——雷丁博士

现，通过把整个超感知觉现象看作是意识纠缠的不同适用方式，我们就可以把它们归入统一的理论体系之中。"让我们假设经历是互相关联的，那它如何表现呢？我们可以以此为切入点。如果它与意识相通，我们可以称之为通灵；如果它与它地的它物相连，我们称之为神视；如果其联系超越时间，我们们称之为预知；如果其联系可表达我的意图，我们称之为心灵致动或远距致动。如此你可以得到 12 种精神经历，但这也仅仅是冰山一角。"

冰山有多深呢？如果两人之间存在着非物质纠缠现象，即相互作用的精神领地，那就会有聚合作用——牵涉数百、数千、数百万意识的作用。为了证明是否如此，雷丁博士与同事一起建立了全球意识工程。受到辛普森案审判结果及对随机事件成因之作用的启发，他们已经建成了一个全球范围的随机事件成因网，并不断增加其在普林斯顿的资料库。

雷丁博士说道："现在我们有两类事件的数据。一是计划内的事件，像千禧虫；二是意外事件，如'9·11'，是计划外事件。现在，我们可以利用随机性及随机性测试方法，对这些备受世人关注的事件进行观察。总的来看，随机性并非像事件发生时理论上那么随机。大事件总是吸引人们的眼球，并且创造出一种似乎在随机成因中得到反映的精神一致性。"

这是令人震惊的消息。雷丁博士上面所述的理论的基础是量子理论——量子事件的随机性，但是数百万人的一致关注却使之发生改变。人们发现粒子具有微量子的性质，这对牛顿假说及几个世纪以来公众眼中的思想特性——意识／物质隔阂提出了严峻的挑战。此发现无疑是晴天霹雳！

万物纠缠及复杂理论

有人提出意识对物质具有反作用（使意识物质化）及一致的意识，即想法相同的意识聚合为真实（真实的足以改变量子法则所预测的内容）的存在的观点。这对心理学、社会学、生物学、经济学、医学、政治学、生态学、系统理论、道德伦理及神学都产生了革命性的影响。

以此为基础，我们进入复杂系统理论。这是一门相对新颖的科学分支。它关注复杂的系统及它们如何由较小的不太复杂的系统组合而来。此理论建立在各复杂层次都有"反馈环"的观点之上。换言

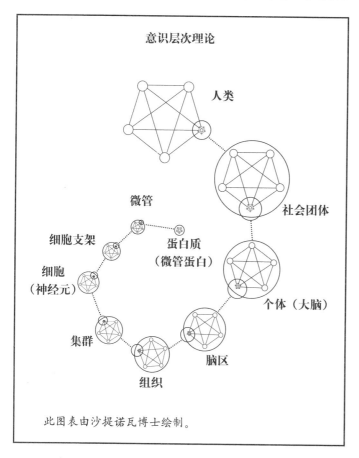

意识层次理论

人类

微管

细胞支架

蛋白质
（微管蛋白）

细胞
（神经元）

社会团体

集群

个体（大脑）

脑区

组织

此图表由沙提诺瓦博士绘制。

物质和意识的关系问题是哲学的基本问题。唯物主义和唯心主义是两种根本对立的世界观，是哲学中的两个基本派别。

之，小结构影响大结构，大结构也影响小结构。

沙提诺瓦博士利用此理论来建构自己的量子大脑理论，即由平行的具有自我组织能力的计算结构组成的嵌套式阶梯。其特点为紊乱、枝丫丛生、对原状态极为敏感及自旋玻璃式动态等。量子效用处于最底层。这种嵌套式阶梯结构导致最初不确定因素重复产生的反馈不是趋于平均化，而是不断加强，并且产生大量的不确定性。

但是，沙提诺瓦博士坚持认为此模式及量子不确定性会从个人大脑到群体到社会，甚至到整个地球，而持续扩大。这种增长并非是考虑到各个精神领域及超感效应才能在全人类产生一致的形式。

复杂理论中有一个概念叫作自我生成结构，它有时也称为过程特性，因为它出现在系统进化为更复杂的系统的时候（唯物论者利用此概念解释说意识源于复杂的神经网）。

目前，主流复杂理论尚未包含思维纠缠。但是，两者极其接近。它们都是为了解决事物如何积聚及如何生成大于局部的事物的问题。最大的不同在于纠缠理论认为精神或叫意识元素是实实在在的过程元素，因此它们影响整体。

现在，让我们瞧瞧上面提到的几门"学科"及这些理论受到的影响。为了讨论，我们将接受雷丁博士把思维纠缠看作是现实的基本特性之一的实验数据。下面我们将简单地回顾一下一些与此相关的颇有意思的科学进展。

当今，最引人振奋的科学进展就是把思维纠缠与复杂理论结合起来，并应用于已建立的学科。我们希望这能够激起你的兴趣，进行更深入的钻研。

我经常想到甘地的名言："按自己的想法去改变。"许多人觉得这句话晦涩难懂。自我的变化会影响到其他，这个看法听起来不错。当你看到雷丁、谢德瑞克、贺格林，还有拉兹洛干的工作时，你就会发现甘地的话真是精辟之极。我们为什么要按自己的想法来改变呢？因为我们与他人相连。每一种想法都有其影响。我们是谁与他人"息息相关"。如果事情就这么简单，我们该怎么办呢？

——马克·文森特

心理学

卡尔·荣格是现代心理学的奠基人之一，他提出"集体无意识"的假说。以此假说为基础，某些观念或原始意象（家、孩子、上帝、英雄、圣人）开始诞生，并最终进入我们的意识行为。荣格写到这些原始意象在整个人类中是多么的相似，并且在人类心理上产生相似的观念、梦及其他现象。利用此观点，人类开发了大量技术及疾病疗法，并在几十年里，得到荣格心理治疗专家的成功应用。

万物纠缠理论认为此理论结构有着牢固的现实基础。它不仅仅是一个能够解决心理问题的模糊的观点，而且是荣格推断出或凭直觉感觉到了宇宙的结构，为了证明此发现，人类花了近百年的时间。与此相同的是，物理学家发现夸克与他们推断出夸克的存在也相差了数十年之久。

这些说法意味着你受到他人的想法、感觉及经历的影响。走进一个一群人剑拔弩张的屋子，你会受他们的影响，同时，他们也会受你的影响。

我们能否完全控制自己的想法，或者能否控制进入脑子里的不纯的思想？这个问题很有意思。如果发生了这种事，我们就能说这是邪恶的吗？我们的研究已经引起了一些道德及伦理问题。我认为有必要对这些问题进行更加细致的探索。
　　——医学博士安德鲁·纽伯格

社会学

"社会意识"不仅仅是个用来描述一种群体本能的词语，它其实像你手中的书一样实实在在。大量意识对某个课题看法一致，然后就产生了这些社会约定。上一章讨论的范式"出现"正是一致意识聚合力的另外一种表现形式。

约翰·贺格林多年来一直致力于这种聚合力的追寻与研究。他提供了许多证明小群体影响大社会的数据研究成果："个人启发的溢出效用将极大地

153

改变我们周围的社会，改变程度之大超出我们的想象。我在电影里也稍微提到了这种和平研究。自此，人们在这方面进行了更多的研究。试图展示强大的个人群体如何共同从意识和物质源头刺激谋求统一领域，及促进世界的和平与一致。"

生物学

随着DNA的发现，破解生命诞生及成长之谜的梦想似乎就近在咫尺。人们视DNA为生命的密码，一旦解码就能解释生命的机体原理。自此，科学家发现在DNA里面无法找到足够的信息来描述受精卵成长为生命体的过程。

生物学家鲁珀特·谢德瑞克长期从事生物系统不规则现象的研究工作，他提出了形成因果假说。此假说认为自我生成系统的形态由形态域塑造而成。形态域组织原子、分子、结晶体、细胞器、细胞、组织、器官、机体、社会、生态系统、行星系统、太阳系及银河系。换句话说，形态域组织各复杂层次的系统，是我们看到的包含局部的整个自然界的基础。

谢德瑞克对宠物能感知主人回家及被注视时的感受也进行了研究。他的理论包罗万象，在此不再细谈。下面这些话于"万物纠缠"十分适用：

"我与戴维·波姆进行了交谈，结果发现我所谈论的部分形态回应及形成因果现象可以用量子物理学中的'非定域'来解释。对此，我们进一步又进行了交流，这让我觉得我们可以建立一个量子非方位与形态域互相融合的理论框架。"

"但我认为我们不能直接引用亚原子粒子理论来

> 我们整天都梦想能理解现实，但有些大人物却做到了，对此，我们钦佩不已。我们只觉得现实是一片混沌，但事实上它井井有条，只不过它太高、太深，所以我们难以捉摸。
> ——拉姆撒

解释生命机体的形态域问题。毕竟，即使是当前的量子物理学也难以对复杂分子或晶体进行推测，因为这个计算过程异常复杂。然而，在我看来，量子非定域和各种各样的影响的确有着一些共同的起因。"

这其中所暗含的意义是，谢德瑞克的形态域是决定性因素，它决定哪个显著特性会在复杂系统中显露出来。而且，形态域是一个和谐的场，它存在于一些无形的却真实存在的东西之中。

这些形态域可以被看成是一幅蓝图或者是一个模板，当这些形态域对量子事件的随机性互相作用的时候，就可以将这些事件转化成更高阶层的一种秩序。就像是一只看不见的手，指挥着哪种有可能的特征转化到物质世界中来。

政治学

约翰·贺格林将社会反响进一步深化了。他说："我们已经建立了所谓的美国和平政府，这个政府并不是要与现在的这个主要管控危机的政府一决高下。而是一个人民的政府，它通过教育防止问题的产生，通过教育唤起公众的意识，提升人们的行为，使之与自然法则和谐相处，从而促进农业、能源、教育和犯罪问题的长久解决。"

这个和平政府不会反对目前的政府，但会做一些贺格林博士称之为"异军突起"的措施。通过运用形态域的有关知识和相关思维的集体力量，实施以启蒙为基础的教育体系，他预知到一种阻碍世界统治的进化性转化。当然，如果思维纠缠假说成立的话，那些领会了其中奥秘的人就会对之加以大量的应用。

我认为，当两个人在进行交谈的时候，他们是在不同的层面上进行交流的。因为量子纠缠和量子在人际交往中的相干性，他们要么是在进行非常正式的交谈，要么就是些私人间的相互交流。政治学家对于研究量子相互作用所隐含的意义和对政治产生的影响表现出越来越浓厚的兴趣。
　　——斯图尔特·汉莫洛夫博士

生态学

1969 年，英国学者 J.E. 拉弗洛克提出了著名的地球生命体理论——盖亚理论。盖亚是希腊神话中的大地之女神，拉弗洛克通过把整个地球看成盖亚，以强调地球具有类似于生命的属性，其主要论点是：地球是有地圈、水圈、气圈以及生态系统组成的一个生命体，这个生命体是一个可以自我控制的系统，对于外在或认为的干扰具有稳定性。

我若与别人相关或纠缠，我怎么会知道的？我需要倾听一些东西吗？我听到的会指引我到达我想要或需要到达的地方吗？我开始认识到，恰恰是这些小小的微妙的事物（我几乎看不到），才能真正给予我们大的帮助。你要仔细观察才能在每天的事物中发现它们的踪影。于此，我才知道我与别人是相互关联的。今天我的女儿从冰箱上扯下我的一个朋友和她小孩的合影，然后对着照片咿咿呀呀讲着什么。几分钟后，电话响了。巧得很，打电话的人正是我的那位朋友。

——贝齐·可斯

最前沿的考虑对物质现象的全盘解决思路的理论之一就是盖亚理论。詹姆斯·拉伍洛克在 20 世纪 60 年代早期为 NASA 服务，寻找火星生物的存在证据。结果，他却开始研究地球的生命组成。他认识到，地球环境中的任何生物都息息相关。实际上，所有的生物都被无机物和有机物所调节着。拉伍洛克博士回忆道："对我个人而言，发现盖亚理论是非常突然的，它就像闪电一样划过我的脑海。当时我正在和一名同事讨论准备的论文。正在那时，我瞥见了盖亚理论的影子，一种奇怪的感觉向我袭来。地球的大气是由特殊的不稳的气体混合而成的，但我知道经过漫长的时间后，大气的成分是稳定的。是地球上的生物创造了并调节着地球的大气，使之成分稳定，适宜生物生存的吗？我经常会有的一个想法就是，我认为地球是一个有着河流往复循环的巨大的生命体。对这个问题的思考激发了我对生态学的兴趣。"

而拉伍洛克和他的理论的支持者们却遭到了批评。有批评说，他们暗示在自然调控的背后存在着一定的目的。

目的论 (teleology) 这个词源于希腊词 Telos（目的）。目的论者声称的确存在着一种元素，在自然运转的背后存在着明确的目的。这是机械主义者（相信自然在本质上是像机器一样运转的）和活力论者（相信存在着一种无关联的生命力）长期辩论的内容一部分。批评者认为，拉伍洛克是在说地球上存在着一种生命力，这种生命力实际上控制着气候和地球上一切事物。可是，这并不是拉伍洛克的真实意思。他说："琳

恩·马基利斯和我都没有说过，地球的自我调控能力是有目的的……可是我们却不断地遭到几乎没有任何证据的批评，批评我们的假说是目的论。"

看起来，这场辩论持续了一阵子。思维纠缠理论认为生命力就是形态域，它是生命体中大小思维的集合。这个理论的提出即将拉上这场辩论的帷幕。理论认为，生命不仅仅是随即突变而来的，而是从一个不断发展、无形的源中产生的。

物质和思维产生于同一个宇宙源泉之中：量子的能量场。我们思维之间的相互作用和真空量子条件下的意识，将我们和其他人的思维相连。它将我们的思维向社会和宇宙开放。

——哲学博士欧文·拉兹洛

连通性假说

这种新模型假说的适用范围几乎是无边无际的。尽管我们在几个推论中徘徊了一阵，但对现有思维改变的适用范围要远远大于前面任何一项科学发现。这并不是一个范例的改头换面，而更像是一个范例的彻底垮台。因为这个范例就像凤凰一样，凤凰涅槃死而重生。

其应用范围并不是没有被科学家们注意到。不同的领域，像生物学、物理学、社会科学第一次交换了意见。这次交流推动了科学的进一步发展。提出一个万能理论，这是许多科学家的梦想。欧文·拉兹洛博士说："爱因斯坦说过，我们在寻找一种哪怕有一点点可能就能够把所看到的事物联系起来的思维方案。爱因斯坦的话，既是连通性假说所要达到的目标，又是对这个假说的鼓舞。"

拉兹洛博士被誉为系统哲学和系统进化论的奠基人。他的连通性假说是一个统一准确的理论，吸纳了已有的许多发现，并将它们放进一个概念上的框架里，从而形成"一套有关量子、宇宙、生命和意识的整体科学的基础"。

在他的书中，拉兹洛博士从医学、生物学和超心理学领域谈论畸形物的问题，并介绍了检验假说成立的数学公式。这个理论的基础之一就是他所谓的自我生成的功能。

自然界中自我生成的存在是验证连通性假说一个最根本的原则。假说依赖于自我生成的三个定律作为宇宙中真实存在的活跃元素。

1. 改变的粒子和由带电荷的粒子组成的系统创造出真实存在的有作用的信息。

2. 信息被修改。

3. 创造的和修改的信息反作用于（或者是激活）带电粒子和质子系统。

连通性假说表明在全息模式情况下出现的有作用的信息的反馈，创造出粒子和粒子系统间的相干性。

这些粒子的系统可以是电子、光子、分子，或是细胞、人类、文明。而自我生成这些系统的信息和那些粒子一样都是现实存在的。对于这一点，拉兹洛从粒子和思维角度，已经给了集体无意识、形态域和纠缠等形形色色的观念一个科学的形式。

在书的最后，拉兹洛博士回答了关于"假说针对什么"和"我们为什么在这儿"的问题。他从整个宇宙的范围内，激进地写道："借助于宇宙的循环发展的虚拟实境的演变，有助于实现在原始的宇宙封闭空间中编码的进化潜能，从而完善时空中存在的所有事物的相关性。这标志着人类非凡创造力的最终实现。"

终极关联性

什么是终极相关性？这就是我们无意识状态下

> 思维若是一个复杂系统中的元素，就能够产生出更为伟大的思维：一些具有神性特征的思维，一些从复杂事物的混沌中浮现出来的思维，一些层层剥落回归至神灵零点或是虚无的思维。因为这些系统的反馈结构，才形成了我们当前的现实模式。这种反馈系统能够满足我们的愿望，即你到底想知道多少。
>
> ——威廉·阿恩茨

所要追求的东西吗？这就是我们喜欢听千人大合唱的原因吗？还是为什么和相爱的人共赏美丽的彩虹要比一个人欣赏感觉要好得多的原因吗？

在这个星球上，人们为创造更好的生活同心协力的事例不胜枚举。江本胜博士一直致力于在全球范围内传播水的相关信息的概念。他对阿波罗13号事故进行了观测。他说："在那时，因为电视媒体的广泛传播，全球许多人，包括我在内，都在为3名宇航员的顺利返航祈祷。这就是我为什么相信这样的奇迹会发生的原因。"

在2004年的海啸中，类似的集体意识出现了。江本胜博士继续说道：

"当全世界看到了海啸导致的20万人死亡的惨相时，我认为他们能够意识到这种惨剧很可能在他们身上发生，他们可能从另一个更为私人的角度上看待这场灾难。"

换言之，在人类发展过程中，可能会有更多的自然灾害或是人为灾害发生，并造成更多的灾难性事故，但有了以上这些经验，人们就能够将这些灾难看成是自己分内的事情，也就是说所有的人都和其他人的灾难息息相关。

虽然我们互不相识，但是当人类同心协力维护自己的利益时，所衍生出的情感和产生出的影响是超越一切的。更确切地说，是超越"我要更多，我的比你的好"这样的世界，进入一个环宇盖亚相关性的极乐世界。我们知道相关性的确会产生某种作用。它以某种方式推动着随机量子事件。

相关性意图所产生的作用更为巨大。借用拉兹洛博士的话来说："它标志着人类非凡的创造力的完全实现。"

我们都是相互关联的。我们是相互纠缠的。若你想称之为量子纠缠，那也无妨。但事实上我们是相互纠缠的，我们之间是密不可分的。因此我们对其他人所施加的影响，也会对自己产生影响。在这一点上，没有人能够与此无关。我们无法反对这种做法，因为我们自己就是这种行为的"帮凶"。我们必须做正确的事情，以获得对我们大家都有利的未来。这就是我们作为协助创造者的职能。在此间，无论我们成为一名政治家、神学家、科学家、医生还是别的，我们都要尽我们的所能做最好的事情，为生命做贡献。我们需要认真反省，采取主动的行动，认识到所有的人都是自己的兄弟姐妹，这是一个家庭的事情。就是这样的简单！
——心理学博士威廉·提勒

思考一下

· 纠缠的思维和连通性假说怎样改变下列领域的研究?

经济学

通灵学

医学

政治学

伦理学

神学

教育

· 这个世界将会变成什么样?

最终的叠加

我正匆忙数着一长串名人的名字，他们都是某些领域里的权威人物。不过，我似乎想不出有哪个人的观点没有被质疑过。

——杰弗里·沙提诺瓦

众多的可能性是叠加在一起的，而且一段时间之后会分裂开，成为单独的一个又一个可能性。所以，由你来选择是做这件事还是那件事。

——斯图尔特·汉莫洛夫

理论物理学的理论、量子物理学中的概念都是那么让人难以置信，那么精彩。但是，最终看来，理论能给我们指出更好的方法来改变我们的思维吗？

——杰西奈

一开头我们就要声明，关于怎样经营生活、需要做什么事情、放弃什么、失去什么或创造什么，这一章并没有最终发言权。好像我们会知道，坐在这儿打字的时候，是什么重要的东西、地点或事件在推动你的生活，让你的生命之旅光彩夺目。人们似乎常常在思考，认为存在一个秘密的公式。如果我们知道这个公式是什么，那么万事都会变得很精彩。

那么为何我们一直还在探讨这些观点、实验、概念、方法和观察世界的方式？

上千年来，世界上最优秀的思想家和科学家们一直在辩论、探讨和争辩我们谈到过的很多概念。所以在思维领域（这终究是真实的），我们与很多真正的伟人相遇。你也许会问："我们怎么会解决那些天才们无法解决的问题呢？"他们大概有过相同的思考，但始终没有得出结论。什么是现实？我是谁？我是否在创造现实？物质是什么？我如何受到启发？我坚持怎样的范式？归根到底，这些问题的答案取决于个人。我们不得不自己来回答这些问题。

但另外一个问题立即引起了我们的思考：讨厌

枯燥的工作的同时，为什么你会为这些有深度的思想而担忧？处于你自己的现实之中时，为何还会好奇什么是现实？我们问迪安·雷丁为何关注于哲学和抽象思维：

"那是因为哲学深入你对自己是谁是什么的假设的本质。如果我们认为自己生活在某一种世界中，那么我们就以某种方式行事。如果我们认为自己生活在人类以一种机器的形式存在的世界里，我们像机器人一样走来走去，世界上或许有或许没有什么事情真正发生，那么，诸如伦理道德的问题，我们怎样生活，怎样看待死亡和生命这些问题的答案将大为不同。前提是与认为世界是内在联系的鲜活世界的看法相比较。"

为何关注科学

我们为何关注科学？一个首要原因是科学的基础是什么。答案是：科学方法。如果我们感知的是我们知道和相信的事物，那么要真正得知事物到底是什么，便有些困难了。科学方法是感知现实的一项改革性手段，它尽可能快地出去观测主体对现实的个人见解，真实反映现实。回顾中世纪人们对现实的看法就可以看出，科学方法为何如此重要。那时人们的概念是：地球是扁平的，有下落的边缘。这绝对不能成为一个探索的时代的基础。所以，人们大都在各自的农场、城镇或是封地上自得其乐。

换句话来说，我们对现实的理解限制了我们的选择。科学和科学方法的伟大之处在于能够给出论断："我所以为的现实，仅仅只是近似的现实。现在我对现实有了更确切的认识。"

科学创造生活里的故事，而且在过去 100～400 年间，科学为我们讲述的是一个令人非常沮丧的故事。它告诉我们，人类是遗传错误的产物。从根本上说，我们的基因利用了我们，从我们这一代移动到下一代，而且我们会产生随机的变异。有说法称，我们孤独、独立地存在于宇宙之外。我们就是孤单的宇宙中、孤单的星球上的那种特异的错误。这让我们对世界有了自己的观点，使我们形成了对自己的看法。而且我们意识到，这种分离的观点是最具举足轻重的观点之一。正是这种观点创造了万物，制造了所有麻烦和战争，铸就了我要比你拥有更多的观念，以及从事业上到教室里的进取心。如今，我们意识到上面所说的这个范式是错误的。我们并不是互不相干的，我们并不孤独。我们是聚集在一起的。从人类存在的最底部那一层面来说，我们是统一的、相联系的。所以我们才尝试去理解和吸纳那一范式的内涵所在。

——琳恩·麦塔嘉

163

探索人生并非只有一条途径。艺术、美、灵感和对现实的揭露也是探索人生的方法。然而，请你回想一下因为认为自己可能做错或失败，而没有去做的那些情况。科学中不会有失败的实验。这个实验是成功的，因为它得出了结论，那就是现实并非如此。我们为何关注科学？就这个问题，我们请教了约翰·贺格林博士：

"我想强调的是，我在这儿谈及的一切，确确实实是数学物理学的基础。这里所说的数学物理学有着可预测的结果，而且此结果可以在实验室里得到验证，更重要的是有益于社会利益。这就是最终的重要性所在，即统一场的发现。统一场的发现马上就能把当前的碎片化的社会文明化。这一过程与将人与人割裂开的随意确定的政治界限互相起着作用。

"碎片化的社会意味着人们对宇宙的认识也是零零散散碎片化的。如今，随着在生活多样性基础上人们对统一的初步理解，相信这个七彩夺目、政治上分裂的世界即将成为一个大一统的和平国家，这一前景的实现已为时不远。我们预计在自己这一代实现这一构想。"

简单来说，科学告诉我们什么是可能的。那些人们认为不可能的事情，他们大都不愿意去冒险。但什么是不可能的？量子力学认为，可能不需要理由，下一刻你本身、你的身体、你坐的椅子等等会出现在宇宙的另一面。这个概率是10比正的无穷大，而不是0。

甘蒂丝·珀特说："人的身体总想自我愈合。我们有一个疾病自然减轻和自然康复的数据库，里面特别收入了从癌症中康复的病人的数据。让我觉

那么我们的思想重要吗？它们的确重要。它们是现实的构成部分。什么是思想？思想是意识流中凝固的想法，大脑进行着意识流，然后把它们放进一个叫作神经的包里，再加一点联想的记忆。所以当你产生想法，你说："这个想法有意义和力量吗？"有的，因为思想实际上就是现实形成的结构，是事实的建筑。当你创造一天时，你在把思想也打造进去，当你在观察你的思想时，它变成了现实成型的模具。所以这一天的经历实际上是建立在你的思想上的。

——拉姆撒

得有意思的是，疾病的减轻和康复经常伴随着情感的突然释放。"那么有人读了这句话，心情也许有所释放，然后便痊愈了。

为何关注改变

的确，这是个烦人的问题，大家都会开始尖叫。为何老板们、情人们、父母亲甚至小到细胞都在问这个问题，从中追寻这种美好、怀旧的感觉。别这样禁锢着自己，让自己放松些。乔·迪斯潘兹博士说：

"人们必须自己做决定。大多数人满足于自己的生活方式。大多数人乐于朝九晚五地工作，闲时看看电视。其实并非人们真的开心这样做，只是麻木地认为生活理应如此了。那些对其他事物怀有明确而强烈兴趣的人们，只是需要多掌握一些知识。而且如果人们把知识当作一种可能性，并不断吸纳这些知识，那么人们迟早会开始对知识加以运用的。

"对一些人来说，从接受到运用知识的过程可能需要 5 分钟，而对另一部分人来说，迈出这第一步则需要相当大的努力。这是因为人们要在迈向未知的第一步和已知事物之间做出权衡。因为已知的事物与人们当前的生活方式息息相关，与人们的观点一致，与人们的人际关系也是相关的。迈出这第一步意味着，人们不得不判断迈出与已知事物相悖的这一步会有什么结果。这两者之间的斗争的确是存在的，但是，我们一旦选择打破常规，就一定会收获一种解脱感和快乐感。"

因此，根据迪斯潘兹博士的看法我们可以得知，"发现新事物的冲动"的另一面是一种"快乐感"。

奇迹的定义是什么？是指违背常规、社会难以接受而科学和宗教可以接受的那些事物。人类的潜能就存在于常规之外。那我们怎么去发现呢？我们不得不克服每天生活的情感状态，克服个人的怀疑，克服认为自己没有价值的想法，克服懒散和疲惫，还得克服自己内心的一个声音：我们不够好，或者这是不可能的。
——乔·迪斯潘兹

如果每天都是体验已经成瘾的相同情感，我们怎么能说自己每天都很充实呢？实际上，我们应该这样说：我不得不一次次确认自己是谁，我是什么性格，我得做这个，我得去那儿，我必须成为那个样子。只有把每天看作是机遇，抓住时间为尚未产生的现实和情感做好准备，尤其是为尚未产生的现实做好准备，这样才能使这一天为无限的将来提供肥沃的养料。

——拉姆撒

真的是这样子吗？在这一点上我们可以提出很多疑问，并谈论进化和"从已知中挖掘未知"。但这的确就是在本书中我们所做的事情。

除此之外，让我们来看看这句话："我们到底知道多少？"迪斯潘兹博士认为这个问题针对的不是我，也不是你。所以真正的问题应当是："你们到底知道多少？"

的确是这样的。

这个问题的答案十分简单：试着去发现，检验一下你到底知道多少。但是请记住，所有的答案终究都是非常个人的。这就是为何我们没有给人家一本量子教科书，来教大家如何营造美妙生活的原因。这不仅是个好消息，也是个坏消息，那就是：只有你自己清楚自己到底知道多少。

可是，一旦我们开始体验生活，我们遇到的信息和所有知识，不论是有关创造、情感、成瘾，还是有关选择、改变、意图和相关记忆，这些都会在生活中发挥作用。限制你自由的范式和神经网会一下子出现在你面前。束缚你的不朽精神的那些信念也会在你耳边不停尖叫。这将是个混沌的状态。不过，你的生活还是会继续的。

最后的坍塌

促成最后的坍塌的，正是你自己。可能性如下：要不要改变？变成什么？获得、放弃、瓦解什么情感模式？检验哪个信仰并最终发现它是真实的？所有的可能性都摆在这里，等着人们的答复。米希尔·莱德维特说：

"信仰和知识有什么区别？那么我认为个人或

事情在这个问题上比较有发言权。亲身经历之后，我才获得知识。举个例子来说，如果我曾在水上行走，那么我就会认为，在水上走路的确是可能的，而且从此之后我的确对此不会再心存怀疑。但是如果只是听别人这样说，那么，这仅仅是个人的见解、抽象的想法罢了。进化的过程急需我们将信仰转化成知识、实践或是智慧。知识向智慧的转化是精神升华的过程。"

我们生来就有接受教化的权利，我们具备这个能力。人类大脑就是接受教化的。

——约翰·贺格林

显然我们已经为这一过程做好了准备。迪斯潘兹博士还说："大脑实际上是一个实验室。通过我们的设计和意愿，它就像实验室那样运作。比如吸纳概念、观点和模式，分析各种假设、可能性、潜能，深入思考那些超出我们理解和接受范围之外的模式或观念，以及得出新的看法或是扩大了的理解范围。"

正如在《捉鬼敢死队》（电影名）里所说的那样："我们有了工具，也就有了本领。"

你也许会有疑问，我们为什么有这些工具、这些本领？这要么是自然的一次事故，要么就是我们为何在这儿的原因。反正不是前者就是后者。很显然，这本书倾向于后者。人类的所有创造都源自我们的能力和潜能。而且我们之所以有这些能力和潜能，是因为我们一直都在不断探索的过程中。

我们的大脑很神奇，在已知的宇宙中，它有着最为复杂的结构，而且你想体验什么的时候，它都能而且会调整到最佳状态来配合你的行为。大脑针对新的体验做出调整这一过程也都在人类的掌控之中。那么我们来看看人体，让我们面对自我愈合、自我复制这些现象吧，这都是很美妙的过程。再看看思维，它能深入钻研时空最微小的方面，再使这些方面扩大，然后对大爆炸以及之外的东西或现象进行深思。

再看看内部的东西。意识研究意识本身，并得出如此不可思议的观点：世界从本质上看是空的；我们感知的是幻觉，人与人之间是相互关联的，人类是个统一体。探索看不见世界的研究者和那些知识分子，一直对此进行着研究，而且从对时空的微小方面和对大脑运作的研究中会得出这样的结论："是啊，的确是这样的。"

我们总是为将会发生的转变准备好工具。万事俱备，只欠按下"开始"按钮。那些我们尚未掌握的知识，我们终究能找到。那些未曾有过的体验，我们也将创造。

让我们不要停止，取得更大的成就。当我们上升到更高更综合的层次时，会表现出什么性质？从中到底会产生什么性质、什么才能和什么样的现实？我们能成为什么，我们将成为什么？有没有限制？我该如何找到自己心里那些疑问的答案？

我们以问题开始了整个探索的旅程，那么，我们同样还是以问题来结束这段旅程吧。

最终的问题还是："为什么？如何？什么？"

这是伟大的探险者的语言。

当然，最后的坍塌为新的叠加的产生提供了先决条件。还是那句老话：改变永无止境。

我们应该经常思考这些问题：我怎样可以改变现实？怎样让现实变得更好？怎样让自己更快乐？
——哲学博士阿密特·哥斯瓦米

尾声：量子盛宴

这是一个魔法的时代，在这个时代里魔法到处可见。绿树上的鸟儿歌唱，鸟儿讲述着力量的传说。美妙的山谷里隐藏着秘密：一声正确的咒语可以变出闪闪发光的金子。到处都是魔法。

开始只是远处传来的沙沙声。树挪动着脚步，树叶呼吸着珍贵的空气。然后是马从古老的维也纳奔来，马蹄打在鹅卵石上发出嗒嗒的响声。不久，神奇的事接连发生，马车出现了，客人们来了！医生、物理学家、神秘家、艺术家——他们都是巫师，到这里是为了完成他们的书，也许还要再写另一本。来吃饭喝酒，参加盛宴，举杯庆祝以前的探险取得了成功，为明天开始的新的探险而祝福。

在城堡里，莫蒂默爵士早就得到上帝的任命，正在忙着做准备。虽然像这种盛宴有很多，但他知道这一次很特别，而且它预兆了很多事情的发生。"今晚气氛很特别。"他小声地对自己说。他觉得单靠自己的能力，要达到完美是不可能的，但他却一直在努力。

大厅用森林绿装饰一新，杜松子的味道令人沉醉。每个人都在为这场盛宴努力做着准备。既有安静的书房和实验室中研究生命秘密的客人，也有在沉思中探索的诗人和魔法师，还有正在做着精美菜肴的量子厨师。

今晚，对话成了主厅里的主菜。正如刻在大厅拱顶石头上写的：

"智者谈论思想，

普通人谈论事情，

思维能力差的人谈论人。"

但今晚没有对人的流言蜚语。每个人都渴求进行思想的交流：新理论、新发现、新情感，甚至还有新嗜好，谁能知道呢？不论话题往哪走，今晚的话题将会是一种自然的力量：

"形态学领域受到质疑，

宇宙高压被展开，

现实穿越时空，在全息的状况下崩裂，

每个人似乎都准时到达。"

莫蒂默爵士不时地在一个角落对着什么人闲聊。弗雷德·艾伦·沃尔夫看起来越来越像"量子博士"，他盯着看墙上的一幅画，思考着那是不是一个通往什么地方的大门。马克·文森特大步走在穿过整个房子的走廊，说："你知道，我可以住在这儿。"

江本胜和他漂亮的妻子刚刚从另一个半球赶来，但他们还是在繁忙的工作中抽时间来赴宴，与大家谈笑风生。突然，有人大叫了一声。

所有人的眼睛都看着戈迪，他正顺着弯曲的楼梯扶栏疯狂地下滑，手里抱着他和贝齐的孩子依洛拉西亚。这情景让大家惊心动魄，尤其是在戈迪还穿着他的苏格兰皮短裙的时候。他来了个漂亮的两点落地，他曾经赤脚走过火焰，从此以后再也没尝试过走过热炭。

还有贝齐·可斯。她是一只看不见的手，是许多正在发生的事情的缔造者，她喜欢打扮，今天她穿得让人无法形容，让人怀旧，却又记不起什么。不论她整晚不断地换衣服，还是"只是稍稍变化"，她总是这个节日舞会上的话题。

当大衣被集中起来拿走后，客人们坐在舒适的沙发里谈笑休息，等着晚宴的开始。一支快乐的莫扎特奏鸣曲从音乐室传来，又停了。

于是引起了骚动。就像在东京"水与和平"节上一样，最鲜为人知的江本胜让欧文·拉兹洛弹奏一首曲子，这首曲子是罗马尼亚巴托克舞曲。这是一首永远都在混乱和破坏边缘的曲子，曲子进行到似乎整个地狱都打开的时候，又传来一阵柔和悦耳的乐声，把听众又带到疯狂的边缘。或如拉兹洛博士所说，这是一个分歧的时刻。

然后就是寂静。

很少人知道欧文·拉兹洛早期是钢琴家，他在少年时就出国演出，弹奏所有出名的交响乐。还有传言说贝拉·巴托克的钢琴在拉兹洛的书房里复活了。

这些都是巫师。那些分裂的疯狂从每个人幻想中迸发到这个巨大的宴会厅。但这可不是个一般的宴会厅，正如这里的巫师们都不一般一样。房间里摆的不是长桌，而是有人把长桌弄弯，变成了一个圆环桌。经过简短的讨论，大家认为叫"圆环魔法师"不好，每个人都选择了一个与亚瑟王有关的名字——"圆桌巫师"。

当大家都落座之后，人们彼此看了看。谁先发表敬酒词呢？这无关紧要。马克·文森特站了起来，就像有一只手把他一把抓住猛拉起来一样！他总有话要向大家说：

"我很幸运地在过去的几年里遇到了如此伟大的思想。我从你们身上学到的知识和观点都极大地开阔了我的眼界。没有你们就没有我今天的成就。我感谢那些前辈们，他们贡献出自己的知识，以便让你们在此基础上进行新的研究。有了你们的努力，这个世界会更加美好。

"我知道有个数据曾经被我忽略了——99%。我会尽我所能，用我所能搜集的最开放的观点去学习新东西。如果我所未知的东西太多，我就会明白为了坚持我的某种方式而坚持某种观点不放是很傻的。我会超越自我强迫引起的盲目，看到自己潜力的大小，问一些伟大的问题：

"我和眼前看到的事是有什么关系？我怎样才能看到我不知道的东西？我怎样才能不成为自己的羁绊？如果我在建设我所知道的这个宇宙，尽管我的精神是混乱的，可又是什么把宇宙的各个部分连接到一起的？

"我是怎样培养不做假定的技巧的？回答是：塑造一颗伟大的心灵。

"谢谢你们帮助我重新找回了儿时的好奇心和科学家坚定的批判的分析能力。"

然后他停了一下。马克、贝齐和威尔面面相觑。眼神充满深情。他们的路艰难而又充满未知。几年前，他们第一次碰到在座的这些人，向他们请教问题，有一些回答并不是他们想要的，他们受到了挑战，感到很迷惑，他们不得不回去重新审视他们的偏见和信仰。威尔和贝齐便加入了马克的工作中。所有的一切都是为了找到真理，寻找新的发现。多么盛大的集会！

所有人都站起来。像是他们都已经听到了马克最后的话：

"为了你们，我旅途中的伙伴们，为了知识，干杯！"

随着大家齐喊："干杯！"酒杯碰在一起，面包被切开，盛宴开始了。

　　这本身就是一件完美的事。美食、力量的传说、友情。莫蒂默爵士忙来忙去，掌握着时间、地点和氛围，确保这看似永不停息的盛宴上，能够按时、准确地上菜。像这样大家能充分享受奢侈的美味和彼此的友谊的宴会确实是很少见的。杰弗里·沙提诺瓦看着马克说：

　　"我知道如果你真的探问生活中那些有趣的问题，你最终会大错特错的，当你犯错的时候，会有些人是对的，所以你必须向他们学习。有时你是对的，所以那时的你要学习怎样表现优雅，这样才能让别人听你说话。

　　"如果你想要探索世界上真正有意思的问题的话，你必须要习惯于迷惑和不解，承认世界上有许多神奇的事情，不是用'很神奇'这个短语的具体含义（就像弗雷德·艾伦·沃尔夫那样），而是用更世俗的用法，也就是：我们相对于这个神秘的世界来说是多么愚蠢，我们要像孩子一样去探索未知。"

　　当大家在桌上传着冒热气的食物时，纷纷开始讲起了故事……

　　甘蒂丝·珀特说："我的朋友狄巴克·乔布拉会在故事里告诉你们她是如何对我的作品感到惊喜。他去了印度，对所有的哲人说：'太不可思议了，那个女人，太美妙了，她有分子，有凝胶体，有受体，有缩肽酸，太不可思议了。'那些哲人们一个劲地问：'什么？什么？'他说：'不不，你们没弄懂。她有感情的分子，那里有多肽和缩肽酸，有荷尔蒙和受体，太不可思议了。'他们都摸不着头脑。他又试着解释了几次。最后一个最年老最有智慧的智者站起来说：'我认为我懂了。她认为这些分子是真的。'"

　　全场哄堂大笑。启迪人的傻瓜幽默……真是场少见的宴会……

　　宴会走向尾声。那一晚正如拉姆撒经常写的，我们都会说："今晚我们像国王和王后一样用餐。"桌上摆着餐后酒、两三份卡布奇诺和热奶咖啡，一壶壶的 PG Tips(茶的品牌)，还有那甜蜜的快乐与欢笑。

　　当最后一个厨师离开时，大家坐到椅子上，准备好今晚的主要节目，为《非非巫师手册》写最后一章。正当他们为这最后一章应该怎样写而沉思时，大家开始有了一种放松，甚至强烈的懒惰的感觉。

　　圆桌的中心是空的，有三四步的空间，可以让长篇大论的演讲者在发表观点时走动和做手势。今晚的主菜是思想，然而大家都坐在那，没有人愿意走到中心开始描述这最后一章。烟斗一个接一个地点燃，偶尔还有一支雪茄，他们仍然坐着，在那一刻陷入了沉思。

时间正在流逝，还有很多事情没有做。还要写本书，还有另一本还没有成文，还要聊天、谈笑，当然还要敬酒。

威尔有了主意，起身说："当我环顾全桌时，我发现每个人都用他们生命中几年的时间来写这部伟大的著作，正如古代炼金师所说的。而且还要冒风险，接受广大世人的嘲笑。我认为并不能因为某个人可以用铝棒把球打过围墙 300 英尺他就是英雄。并不是可以在摄像机前滔滔不绝地论述别人的观点他就是英雄。没有在座的诸位，没有其他探索未知的人们，我们生活的世界就会变得呆滞和无聊，而不是这个我们所喜爱的魔法世界。"

他停了一下，说："噢！上帝啊，我变得感情脆弱了。酒里是什么？我不在乎。这就是事实。为了英雄干杯！"

大家仍然还没有适应这种热情洋溢的祝酒词，都微笑着敬酒。现代社会所失去的一种艺术是祝酒的艺术："干杯"的意思是"我没有什么可庆祝的和梦想的"。人的意图进入语言，又通过长生不老药，进入身体，这样意图就直接从思想传到物体上。在那个过程中，相通的思想确实很有魔力。

"我要祝酒，"贝齐说，"敬其他的英雄。敬那些有思想、有主意并在生活中付诸实施的人。敬那些在混乱中成长，在神秘中生活，把未知变成已知的人。我希望在这里他们能跟我们在一起。"

这时，所有人的视线突然从酒杯转移到上方。围绕着这个房间，一个想法快速在人们之间传播：他们在这儿……

因为如果思想是真实的，正如面前的桌子是真实的，手中的酒杯是真实的，如果思想不受时空限制，如果所见相同的思想相互联系、缠绕，那就意味着任何人，只要他的思想集中到那个宴会厅，他就在那个宴会厅里。如果在你脑海里，你看到了那个大厅及坐在大厅里的人们，在那个空间里——那么你也在那里。随着更多的客人涌入，烛光开始摇曳不定。

时间并不是问题。从那时起多少年过去了，思想会回溯到以前的时光，参与到圆桌的讨论中。

谁会说是某某人叫了某某人呢？是圆桌为他们的讨论带来了这些人，还是这些人创造了圆桌来满足讨论的意图？自我总是想要争先，但是在纠缠中，只有事情在发生。都是一样的冲动，没有什么不同，既创造了鸡也创造了蛋。

看了一眼房间周围，杰西奈看到了事物微妙的本质，笑着说："啊，上帝，这里好多人啊。这些芥末籽啊。维度不同，真是不错。"

晚宴变得无比盛大。如果那些理论和实验是真的，这场盛宴会永远持续下去。越来越多的思想加入，永远来者不拒。

随着一次盛大的骚动的集合，这些聚在一起的魔术师认真地开始了他们的任务。因为知道他们的诗篇会超越时间和空间泛起涟漪，他们措辞谨慎，每一次表达思想时都格外小心。因为周围没有麻瓜，怎样走进圆桌这个问题已不是最重要的，因为他们一闪就进，一闪就能出。除了斯图尔特·汉莫洛夫，他看起来就像俄罗斯大草原游牧部落的后代。他跳到桌子上，然后划了一道漂亮的弧线跳到中间。他开始说了：

"我认为我们下一步应该解释一下量子世界是怎样与我们的意识和精神联系到一起的，因为我认为未来科学，尤其是量子物理学和相对论会与人类意识、潜意识和精神相联系。对精神进行科学分析到底是好事还是坏事取决于你问的是谁。我认为，如果我们把所有的事情都去解释的话，也许不是一件好事。但我也不认为那有多少危险，因为我们所做的只是把洋葱皮一层一层剥开。"

说完之后他回到自己的座位上。贝齐眨了一下眼睛：

"好的，什么是量子烹饪呢？"

一组带有"可能，也许，叠加"的答案出现在大家共享的思想空间里。哪一个是最终的定义呢？

贝齐没有给他们时间。她的服装闪闪发光，突然她又变成了一只鹰，戴着面具，面具上有鹰羽毛和耀眼的鹰眼。鹰的眼睛在寻找着她最喜欢的问题的答案："为什么我要关心量子？它会回答那些大问题吗？"

还没有人做反应，沃尔夫博士就见缝插针地说："量子物理学是回答所有大问题前要回答的第一个问题，这是个很好的起点。只是一个开始，直到最近一百年前我们才开始提出疑问：也许我们攻击错了目标，问错了问题，把世界看成了与内心世界分离的外界。

"量子物理学避开了这个问题。它说，等一下，这里有深层次的联系。"

他停了一下，然后到处转了转，环视整个房间，有人看着他，有的没有。他的眼睛一眨一眨，闪闪发光：

"宇宙在很大程度上是随机的。随机是好事，让一些新生事物出现。如果每件东西都被条条框框安排好了怎么办？我们都会变成机器人，不会有什么新思想。

"这种随机带来了疯狂，带来了舞蹈，带来了戏剧，带来了美——它带来了生活中所有美妙的东西。因为机会让生命变得美丽。运气是位女士。"

大家四顾着说："是的，生活是美好的。他们来是要让生活变得更加美丽、更加美好。去抓蟾蜍，告诉蟾蜍们它们是巫师，每只都是。把蟾蜍变得不是蟾蜍。扭转几个世纪以来把人性藏在黑暗中的无知。仅此而已。又发生了大变化，那些秘密的知识流出来，进入书中、艺术中和研究会。那个'看不见的大学'已经不再藏起来。西藏的山洞已变成了高速的笔记本电脑。信息不仅仅靠打听才能得到。这是在一个不同的年代里，秩序不同的魔力。"

贝齐仍然想知道："我们怎样才能让这一切变成现实？"

乔·迪斯潘兹曾是个西西里人，他喝干杯中的酒，把酒杯放下，说：

"那么，作为人类，我们必须放弃些什么，才能让生活中的思想就像影响现实的最主要前提，并像如我们所想的那样观察现实？我们要失去什么呢？我是科学家，我接受过科学的训练。然而用同样的方法，这是非常好的晚宴谈话，除非我们有能力把它用某种方式、外形或形式加以利用。现在她变成了真正的科学，真正的宗教。"

同时，威尔拿出了原版的《非非巫师手册》。这本书包罗万象，他一章接一章地赞美购物中心、情景喜剧、流言蜚语、保持安全的美德，计算出人们全都计算过的东西。在每一章最后都有"不要这么想……"部分。他列举了一系列你不要去想的东西，这可以让你的生活不再那么糟糕。尤其突出的是《认为自己能飞的巫师》这一章。它所描述的是那些有着奇思妙想的人，他们占有舒适的地盘，但他们并不是百万富翁。这正好跟那个一直存在的让人无能为力的问题相符："你要真那么学识渊博，那你为什么不富裕呢？"

过了一会好像有一股臭臭的味道在整个房间弥漫。威尔把那本浮夸的书"嘭"地合上："第一条非巫师守则是：让人们相信他们不是魔法师。"

是的，这是第一守则。因为在所有的真相中，这条限制可以挡住所有的人。是的！自我强迫的限制是最难做到的，它几乎看不到，因为创造者就在创造本身中，通过这种限制所有的限制都能实现。

这时乔·迪斯潘兹又斟满了酒，建议在《非非巫师手册》中每一页都写上："看，你是一只蟾蜍，因为你想做一只蟾蜍。解决一下这个问题。"米希尔说道：

"人们最大的问题不是接受他们境遇的可悲、生活穷困、有缺陷、无能、软弱。我们作为人类最大的困难是接受我们的伟大。我们只是不想那么做。我们一遇到那些能让我们感到很强大的人就喊叫着跑开。于是，我们不能表达我们到底想要什么。

"只要我们仅仅接受我们是谁，是干什么的，以及我们的真正力量，那么我们所谓的奇迹（很遗憾过去只发生在很少人身上）就是很普通的事了。我们还会学习新的显示的科学，它展示了，我们每天的 24 小时，每年的 365 天都在创造我们的现实。我们不会得到新的力量，因为已经有了。我们需要改变的是我们为自己创造的生活方式。"

杰西奈继续表述这一思想：

"当一个人说，是我创造了现实吗？答案是，创造现实的只有你。你是由当前你的现实组成的。改变了这一点，也就改变了对人、地点、事物、时间和事件的概念。那些想法，诸如你跟谁在一起，你在哪，你长得怎样，穿什么衣服，今天要跟谁说话，明天做什么，都是由你创造的基本观点，所以你生活中的每个人都是你自己本身的一个方面。

"我们所忙碌的就是这些。就像水中的鱼；有人出了个新奇的主意，让鱼去要水喝，于是鱼就去要了些水喝。然后每个人都笑了，因为鱼就在水里。

"所以，这就好比是在说：我是怎样创造自己的现实的？那么，你就是现实，你已经在创造它了。我们只有在跳出自己时才能看见我们自己，我们回首见到的是过去的自己。"

这时，谈话一下子热烈了起来。就像每个人都突然说话了一样，因为这些谈话都是相互关联的。精神联系到物质，物质又联系到意识，意识再联系到创造，创造再联系到动机。感情、神经网、古典范例，又回到意识、观察者、选择和改变。而现实这个以万物为媒介的概念，本身就是由万物所定义的。

怎样才能不用语言来定义一个词呢？不用其他概念就弄懂一个概念是可能的吗？如果可以的话，我们怎样才能真正明白呢？在交谈发生转折时，贝齐做了最后的祝酒：

"你们知道，这些对我来说只是我喜欢的哲学，但当我把它们结合到实践中去后，它们便给了我生活的曙光。"

就是这样！

精彩的思想交流开始把所有的人都吸引了过来。人类的思想世界长久以来关注的都是界限："什么是我的？什么是你的？这条准则不会讨论这些。不要用纠缠这个词——你甚至都不知道它是什么意思。"但最终，科学和哲学追求的窄路飞快地伸向了一个箱形峡谷。在粒子的末端仍是更多的粒子。在疾病的末端，没有健康，只有疾病。

当焦点集中到西方文明的优秀和先进时，时间已近午夜，但是随着午夜的过去，一种感觉产生了：在某个角落，有什么东西被转了一下，话题峰回路转。想为最司空见惯的现象找到解释，这个梦就像长生不老药——一种被长久认为一去不复返、被归入古老年代的活动被重新发现了。

交谈、朋友间的质问、精彩的理论和丑陋的现实——这是一场很有价值的晚宴。他们知道，每个人都知道，这些思想的碰撞会被传到很远很远的外面去，就像这些思想在外面的世界先聚到一起，又来到这里一样。这个手写的微型宇宙到处都重复着自己。在某种程度上说，这些魔法师实现了一个突破，以便让其他任何地方的魔法师也能这么做。当大家举杯庆祝精神取得成功时，就像太阳即将升起，阳光照在房屋、住所、酒店、旅馆，照在所有地方。这就是现实的本质，就是我们所在的宇宙。

许久，客人们离开了圆桌，走进更舒适的环境中，有的走进沙龙，坐在火炉旁讲故事。因为所有归家路上的朝圣者都有很多关于恐怖和权力的痛苦的故事。所有人都高高兴兴地坐在另一边，边听边笑。

有时烟会奇怪地聚到一起，还会有其他的客人冒着雾气来到这。当然大家中没有人会在意。只会说，那"只是过来看一看的老朋友"。烛光摇曳，风吹过，火差点被吹灭，这时风停了。

"廉价的客厅游戏，"有人说道，于是他的雪茄烟灰落在了膝盖里。"讲得好！"没有比这个人笑得更欢的了。这就是魔法师的幽默。

渐渐地，人群解散了。有些爬到楼上，他们要在那儿住上一晚。偶尔会有辆车停下来，门打开又关上，然后就没声音了。有人说是辆兰博基尼。

其中一个科学家决定"在这座古老的城市里漫步"，直到天亮，然后他要在埃菲尔铁塔的顶上向新的一天问好。

最后一个走的是沃尔夫博士，他坐着由四匹马拉的漂亮的马车。

随后有人说从第二层卧室向外看，那辆马车渐行渐远，就像一个南瓜，在马蹄声中变得越来越小。马车后边刻着"F.A.W."，但一会儿以后，这些字看起来就像一副笑脸，轮廓外闪闪发光。有人听到了笑声，然后是"砰"的一声，他们走了。

在太阳完全升起之前，客人们又分散到四个角落。就像古代的吟游诗人，总有下一个城镇，下一次探险，下一次未知，在冲动下爬行……

"生活只是这部大书的一页，"拉姆撒说道，"在这部书里，我们永远是我们自己。但我们总有天生的能力去雄心勃勃地追求。这种追求让我们不再沉浸于自我反映，自我悔恨，而是开始对梦的自我创造，不再沉浸于不能弥补荒唐行为或是为失败赎罪的思维方式，而是我们用旺盛的精力和激情形成新的思维方式。"

对，就是它，雄心勃勃的追求。去探知……

当我爬着长长的楼梯，一边走一边吹灭蜡烛的时候，我心里想，也是仿佛对着那些仍然在听的人："是的，到处都是魔法，尤其在今晚，在每一晚。啊，多么美好的夜晚……"

那么，我们真诚地向您道一声：再见了！

$$\sim 完 \sim$$